Aline Bartelochi Pinto
Ana Fernandes Cardoso de Oliveira

Influência da contaminação nos microorganismos estuarinos: um estudo de caso

Aline Bartelochi Pinto
Ana Fernandes Cardoso de Oliveira

Influência da contaminação nos microorganismos estuarinos: um estudo de caso

ScienciaScripts

Cover image: www.ingimage.com

This book is a translation from the original published under ISBN 978-620-2-02250-7.

Publisher:
Sciencia Scripts
is a trademark of
Dodo Books Indian Ocean Ltd. and OmniScriptum S.R.L publishing group

120 High Road, East Finchley, London, N2 9ED, United Kingdom
Str. Armeneasca 28/1, office 1, Chisinau MD-2012, Republic of Moldova, Europe
Printed at: see last page
ISBN: 978-620-7-95468-1

ÍNDICE DE CONTEÚDOS

1 INTRODUÇÃO

Os ecossistemas costeiros representam uma área onde a terra e o oceano se encontram. São geralmente altamente produtivos e capazes de suportar uma variedade de actividades económicas. Assim, estas regiões são de grande valor e têm uma variedade de habitantes, o que contribui para o desenvolvimento das cidades costeiras. Para além de suportarem comunidades biológicas, mantêm também uma variedade de espécies residentes que utilizam a zona costeira como viveiro de reprodução, contribuindo e beneficiando assim a biodiversidade como um todo.

Este ambiente sofre uma grande especulação imobiliária, devido aos portos e docas de fácil acesso. A localização próxima ao litoral permite que as indústrias se beneficiem do escoamento da produção, o que causa grande pressão sobre o ecossistema. Esta atratividade gera um aumento da população local, que procura emprego e melhores condições de vida. No entanto, este crescimento populacional nem sempre é acompanhado por uma melhoria dos sistemas de saneamento. Muitas vezes, são construídas ligações clandestinas de esgotos para transportar os efluentes domésticos para a zona costeira. Este facto acaba por provocar uma grave degradação do ambiente.

São também gerados efluentes industriais que podem conter uma variedade de contaminantes persistentes que podem poluir os sedimentos ou ser ressuspensos na coluna de água por processos turbulentos, o que pode ter graves impactos na biota local. Os principais exemplos destes contaminantes são os metais pesados e os hidrocarbonetos de petróleo.

No entanto, hoje em dia há uma preocupação com os impactos das atividades antrópicas, com muitos estudos focados em formas de remediar essa poluição e contaminação. Uma alternativa utiliza microrganismos para diminuir a contaminação da água e do sedimento de ambientes costeiros, um processo também conhecido como biorremediação.

O presente estudo avaliou a abundância de alguns componentes da alça microbiana em estuários da Baía de Santos, bem como a influência da contaminação antrópica. Além disso, foram isolados alguns microrganismos que podem ter potencial para biorremediação em regiões como o Porto de Santos.

2 REFERÊNCIAS TEÓRICAS

2.1 Ecossistemas costeiros

A zona costeira, interface entre a terra e o oceano aberto, ocupa aproximadamente 8% da área terrestre e 0,5% do oceano. No entanto, a produtividade dos ecossistemas costeiros corresponde a cerca de 30% da produção primária e a 90% dos recursos pesqueiros mundiais (HOOLIGAN & REINERS, 1992). Esta produtividade elevada é suportada pelo aporte de nutrientes dos rios, lençóis freáticos, afloramento, trocas com a plataforma continental e entradas atmosféricas (ALONGI, 1998). No entanto, esta interface também absorve matéria orgânica, sedimentos, metais e outros poluentes terrestres.

Os ambientes costeiros podem ser definidos de acordo com características físicas, químicas e biológicas que conduzem a um grande número de zonas próximas da costa, bentónicas, pelágicas e intertidais. Estes habitats podem coexistir e são bastante dinâmicos, o que torna difícil estabelecer a sua localização e os seus limites. No quadro 1 são apresentados exemplos de comunidades deste tipo.

Quadro 1- Ecossistema costeiro (adaptado de BURKE et al., 2001).

Near coast	Dunes, rocky shores, sandy beach, restingas, urban, agriculture and industry landscape.
Benthic	Kelp forests, seagrass, coral reefs, artificial reefs.
Pelagic	Open ocean above the continental shelf, plancton bloom.
Intertidal	Estuaries, deltas, lagoons, mangroves, ports, marines, aquiculture areas,

Os estuários, que constituem uma parte da zona intertidal, destacam-se pela sua grande importância biológica e social. Por definição, um estuário "é uma massa de água costeira semi-fechada que estende os seus limites por influência das marés, no interior da qual a água do mar, entrando por uma ou mais conexões com o oceano aberto, ou qualquer outra massa de água salgada, é significativamente diluída com água doce derivada da drenagem terrestre, suportando espécies biológicas eurihalinas em parte ou durante todo o seu ciclo de vida" (PERILLO, 1995).

2.1.1 Manguezais

Os mangais são o ecossistema mais produtivo conhecido até à data. Distribuem-se desde as latitudes tropicais até às subtropicais, constituindo uma interface entre o meio terrestre e o meio marinho, e são susceptíveis às variações diárias das marés. Este ecossistema é muito diversificado e contém numerosas espécies de plantas, animais e microorganismos. A vegetação, bem como as micro e macro algas, adaptaram-se às variações de salinidade e colonizam sedimentos lodosos com baixo teor de oxigénio (SCHAEFFER-NOVELLI, 1995).

De acordo com Schaeffer-Novelli (1995), o desenvolvimento dos manguezais requer condições especiais como: (i) temperatura média acima de 20°C; (ii) temperatura mínima acima de 15°C; (iii) amplitude térmica anual abaixo de 5°C; e (iv) precipitação acima de 1.500mm/ano, sem longos períodos de estiagem.

Os ecossistemas de mangais apresentam igualmente características físico-químicas específicas no que respeita à salinidade, à temperatura, às marés e às condições anaeróbias dos sedimentos. A amplitude das marés aumenta a zona intertidal, contribuindo para o desenvolvimento deste ecossistema.

A salinidade desempenha um papel importante na distribuição, produtividade e crescimento das espécies no ecossistema dos mangais. As mudanças na salinidade são controladas pelo clima, hidrologia, precipitação, topografia e amplitude de maré, levando os organismos a desenvolver adaptações morfo-fisiológicas, a fim de se estabelecerem neste ambiente.

A concentração de nutrientes é outro fator importante nesse ambiente e está diretamente relacionada com a assimilação e remineralização das plantas promovida pelos microrganismos. Como a concentração de nitrogênio inorgânico é muito baixa nesse ambiente, os microrganismos convertem o nitrogênio em amônia, através de processos de fixação de nitrogênio, tornando-o disponível para as plantas (ROBERTSON & ALONGI, 1992).

A disponibilidade de nutrientes pode restringir o crescimento e a produtividade das plantas de mangue e pode ser alterada em manguezais impactados por ações humanas. Triwilaida & Intari (1990) observaram diferenças significativas na concentração de nutrientes entre manguezais impactados e não impactados, e Kathiresan (2002) encontrou baixos níveis de nutrientes disponíveis, alta salinidade e baixa diversidade microbiana em manguezais degradados.

A vegetação dos mangais, em condições de baixo teor de nutrientes, é composta principalmente por plantas lenhosas que se adaptaram para sobreviver em tal ambiente (por exemplo, pneumatóforos). De facto, algumas plantas adaptaram mecanismos fisiológicos para a filtração do sal e outras tornaram-se vivíparas (SCHAEFFER-NOVELLI, 1995). Além disso, a vegetação é caracterizada por uma grande perda de folhas que, durante um longo período de tempo, se decompõe numa matéria orgânica rica que cobre a superfície do solo.

No Brasil, as espécies vegetais mais comuns, encontradas no mangue, são *Laguncularia racemosa, Rhizophora mangle* e *Avicennia schaueriana.* Por outro lado, a fauna do mangue contém uma população altamente diversificada de peixes, aves, répteis e mamíferos. Estes animais são originários de ambientes terrestres, marinhos e de água doce, e podem ser residentes ou semi-residentes.

O sedimento lamacento ou arenoso permite o estabelecimento de numerosa infauna, meiofauna ou invertebrados epibênticos. Os canais aquáticos dos mangais contribuem igualmente para a manutenção das comunidades zoo e fitoplanctónicas e para uma grande diversidade de peixes.

A origem dos sedimentos é diversa e tem características diferentes, estando associada a altos níveis de matéria orgânica proveniente da decomposição de folhas e animais, ou trazida de outros ambientes por ondas, vento, deriva litorânea e fluxo de maré (SCHAEFFER-NOVELLI, 1995).

Os mangais desempenham também um papel importante como viveiro de espécies de peixes juvenis e atraem comunidades epifaunísticas ricas, incluindo bactérias, fungos, macroalgas e invertebrados.

2.2 Impactos antrópicos nos ecossistemas costeiros

A zona costeira está sujeita a uma grande pressão antrópica e existe uma grande preocupação quanto aos impactos humanos causados pelas actividades portuárias, industriais e de exploração petrolífera. Estas actividades deixam poluentes (por exemplo, hidrocarbonetos, hidrocarbonetos poliaromáticos (PAH) e metais) nos estuários e no ambiente, o que pode ter um efeito prejudicial na biota local.

Muitas indústrias se instalam na região costeira, devido à proximidade de portos e cidades. A Bacia de Santos abriga diversas indústrias que produzem uma variedade de produtos e geram grandes quantidades de resíduos que podem afetar o meio ambiente local (Oliveira et al., 2008). Um relatório da Companhia de Tecnologia de Saneamento Ambiental (CETESB, 2001) mostrou que várias indústrias utilizam metais pesados, solventes, fenol, cianeto, entre outros, em seus processos produtivos. Todas essas substâncias químicas podem afetar a biota local (Tab. 2).

Tabela 2- Principais fontes de poluição industrial na Bacia de Santos (adaptado de CETESB, 2001).

Industry	Primary production	Aromatic solvents	Heavy metals							
			Arsenic	Cadmium	Lead	Copper	Manganese	Mercury	Nickel	Zinc
Carbocloro	chlorine, soda, EDC							D		D
CBE	styrene	A				E		E		D
Cia Santista de papel	paper			D		D	D	D	D	D
CIEL	petcoke (processing)						*		*	*
Copebrás	phosphoric acid, fertilizers (P)							E		E
Cosipa	steal	B	B	E	E	D	D	E	D	D
Dow Quimica	latex, polyols, polystyrene	A	E	D	D	D	D	D	D	D
Liquid Quimica	benzoic acid	A					A	D		
Petrobrás-RPBC	petroleum derivatives	A		E	A	D		D	D	D
Petrocoque	petcoke (processing)		E				D		D	D
Solorrico	fertilizers (N,P)			D						
Ultrafértil-CB	fertilizers (N)		E		D	E	E		D	D
Union carbide	polyethylene						A			D

* Contaminante presente na matéria-prima / produto. Critérios de classificação: A - O poluente constitui matéria-prima ou insumo do processo produtivo; B - O poluente é um resíduo (líquido ou sólido) obrigatório no processo produtivo; D - O poluente foi verificado em análise química dos efluentes entre 1979 e 1999; E - O poluente foi verificado em análise química de efluentes cujos resultados apresentaram valores menores.

Esta contaminação tem um impacto grave nos sedimentos marinhos. Os produtos petrolíferos, em particular, têm uma densidade inferior à da água e precipitam-se no sedimento de fundo. Os metais ligam-se aos sedimentos devido às suas condições anaeróbias e a outras condições como a granulometria, o pH ácido, etc. (TAM & WONG, 1996; CHE, 1999; TAM & WONG, 2000; SAIFULLAH et al., 2002).

Os sedimentos contaminados são difíceis de remediar porque os contaminantes podem aderir às partículas do sedimento ou ficar ressuspensos, pela turbulência da coluna de água (MEDEIROS & BÍCEGO, 2004).

2.3 Metais e hidrocarbonetos nos ecossistemas costeiros

Mercúrio - encontra-se em baixas concentrações nas rochas magmáticas, e em concentrações mais elevadas nas rochas sedimentares e sedimentos argilosos. A concentração de mercúrio em perfis de solos virgens está relacionada com o material de origem e deve-se à entrada deste metal da atmosfera, por atividade vulcânica. As principais fontes de contaminação ambiental por mercúrio são as indústrias de processamento de metais, de fabrico de pilhas e de lâmpadas fluorescentes, bem como as lamas de depuração e outros resíduos.

De acordo com o relatório da CETESB (2001), as principais fontes de contaminação do Sistema Estuarino de Santos-São Vicente (SSVES) são as seguintes indústrias: Carbocloro, RPBC-Petrobrás, Liquid Química, Cosipa e Dow Química. De fato, as concentrações de mercúrio encontradas nesses efluentes industriais estavam acima dos limites legais (CETESB, 1986), sendo que 40% das amostras de sedimento apresentaram valores acima do Nível de Efeito Limiar (TEL) e 8% acima do Nível de Efeito Provável (PEL).

Zinco - é um metal amplamente distribuído na natureza, onde é encontrado nos solos e serve como nutriente essencial às plantas, em geral. Nos solos, os valores de zinco em áreas não poluídas variam de 10 a 30 $pg.g^{-1}$. O uso do zinco em sua forma metálica ou como sais é comum em diversos ramos industriais. Na Bacia de Santos, o zinco é encontrado nos efluentes da maioria das indústrias, terminais e áreas contaminadas da região. Além do uso industrial, o zinco também está presente nas residências (ex. telhas, utensílios), bem como em uma série de produtos encontrados no lixo e no esgoto doméstico.

Chumbo - é encontrado naturalmente nas rochas, em concentrações que variam de 0,1 $gg.g^{-1}$ (rochas ultramáficas e calcárias) a 40 $gg.g^{-1}$ (rochas magmáticas ácidas e sedimentos argilosos) (KABATA-PENDIAS & PENDIAS *apud* CETESB, 1997). As emissões atmosféricas de chumbo, especialmente no passado, quando era adicionado à gasolina como antidetonante, contribuíram significativamente para o aumento da presença do metal em solos e águas superficiais, bem como em estuários e oceanos (KENNISH, 1997).

O chumbo está geralmente associado a indústrias envolvidas na extração, processamento e fundição de metais. Também é um contaminante presente em efluentes de indústrias de refino de petróleo, petroquímicas e siderúrgicas, entre outras. Em Cubatão, as principais fontes industriais identificadas são a RPBC

(Refinaria Presidente Bernardes-Cubatão) da PETROBRÁS e a Ultrafértil-CB, que lançam seus efluentes no Rio Cubatão. As concentrações de chumbo encontradas no efluente da primeira são até 100 vezes maiores do que as encontradas na segunda. Além disso, os efluentes da Cosipa e da Dow Química são lançados diretamente no estuário de Santos. Outras fontes potenciais são o Lixão de Pilões, que é a rota de fuga da Fábrica Henry Borden, e o DTCS-Cubatão. De facto, o DTCS-Cubatão tem resíduos de chumbo enterrados numa área próxima do terminal, sendo os riscos para o solo e para as águas subterrâneas ainda desconhecidos.

TPH total *(Total Petroleum Hydrocarbons - Hidrocarbonetos totais de petróleo)* - os produtos petrolíferos são misturas complexas de vários componentes, desde cadeias orgânicas leves e voláteis até cadeias longas. A composição exacta varia de acordo com a origem do petróleo bruto e as práticas de refinação utilizadas para produzir o petróleo.

O total de hidrocarbonetos de petróleo (TPH) é um parâmetro frequentemente utilizado para avaliar a contaminação por derrames de petróleo e fornece informações sobre a concentração de hidrocarbonetos de uma determinada amostra (TPH WORKING GROUP, 1998). Quando os hidrocarbonetos de petróleo são libertados diretamente para a coluna de água através de derrames, uma fração, sendo menos densa do que a água, forma uma pequena camada acima desta, enquanto as fracções mais pesadas se acumulam no sedimento, onde podem permanecer durante um longo período (ATSDR, 1999).

Solventes aromáticos (BTEX) - Os solventes aromáticos são hidrocarbonetos voláteis, constituídos por um anel aromático. São compostos presentes no petróleo e seus derivados, e representam uma das mais importantes matérias-primas para a indústria petroquímica. Os principais solventes aromáticos manuseados pelo sector industrial são o benzeno, o etil-benzeno, o tolueno e o xileno (BETX).

O benzeno é utilizado principalmente como solvente em processos industriais, sendo também um composto intermédio na síntese de estireno, detergentes, pesticidas, ciclo-hexano, entre outros. As aplicações industriais diversificadas destes poluentes resultam em inúmeras fontes potenciais, nomeadamente na refinação de petróleo e petroquímica, bem como nos terminais de combustíveis e outros derivados. Pequenas fontes que armazenam / consomem combustíveis em geral (e.g. postos de abastecimento, lavandarias de máquinas / camiões, marinas, entre outras) também contribuem para a libertação destes solventes para o ambiente.

Na Bacia de Santos, os solventes aromáticos são encontrados nos efluentes de todos os terminais de granéis líquidos, na refinaria da Petrobras, nas indústrias petroquímicas (CBE, Liquid Chemicals) e na Cosipa. Acidentes ambientais envolvendo derramamento de óleo na área industrial e portuária também são uma importante fonte de BETX nos ecossistemas estuarinos e marinhos da região. O benzeno, o tolueno, o xileno e alguns dos seus derivados são moderadamente voláteis e solúveis em água. Consequentemente, não há acumulação em grande escala destes produtos químicos nos sedimentos, o que resulta em baixas concentrações na maioria dos rios e zonas costeiras (MOORE & RAMAMOORTHY, 1984).

A contaminação por metais e hidrocarbonetos tem uma forte influência sobre o biota dos ecossistemas costeiros, incluindo os organismos mais pequenos. Em ambientes aquáticos, a abundância de microorganismos, como bactérias, cianobactérias unicelulares, leveduras, protozoários e até vírus, apresentam biomassa, atividade metabólica e diversidade genética/bioquímica muito superiores às dos metazoários. Estes microrganismos constituem uma cadeia alimentar com várias interacções tróficas (microbial loop, segundo AZAM, 1983), e são responsáveis pela transferência de grande parte da matéria/energia do ecossistema marinho para níveis tróficos superiores (POMEROY et al., 2007)

Os organismos que constituem a malha microbiana da coluna de água e dos sedimentos marinhos respondem e adaptam-se ao stress causado pelas actividades humanas, o que pode ocorrer tanto a nível populacional como celular. As alterações a nível populacional incluem a seleção de espécies mais resistentes e a diversidade geral, enquanto as alterações a nível celular empregam uma grande variedade de mecanismos de adaptação (FORD, 2000).

2.4 Microrganismos associados aos ecossistemas dos mangais

Os manguezais são ricos em diversidade microbiana, o que é fundamental para a manutenção da produtividade, conservação e recuperação desse ecossistema. De acordo com Alongi (2002), 91% da biomassa microbiana dos manguezais inclui bactérias e fungos, que estão diretamente envolvidos na transformação de nutrientes, fotossíntese e fixação de nitrogênio atmosférico. Esses microrganismos também são responsáveis pela produção de metabólitos, enzimas, antibióticos e outros produtos de interesse biotecnológico (ANISZEWSKI et al., 2010).

Os microrganismos contribuem diretamente para a alta produtividade dos manguezais, pois participam de um sistema altamente eficiente de ciclagem de nutrientes, onde os essenciais são mantidos e outros são gerados pela decomposição da matéria orgânica (HOLGUIN & BASHAN, 2001). Também são responsáveis pela maior parte do fluxo de carbono nos sedimentos, pois toda a matéria orgânica não exportada é retida no sedimento, onde sofre degradação ou modificação química por microrganismos (KRISTENSEN et al., 2008).

2.5 Bactérias, cianobactérias e leveduras Ecologia e distribuição

2.5.1 Bactérias heterotróficas

As bactérias são organismos procariotas que não possuem a membrana nuclear e outras estruturas intracelulares organizadas, normalmente observadas nos eucariotas (PELCZAR et al., 1981). Existe uma enorme variedade de procariotas no domínio das bactérias, com vários tipos morfológicos e fisiológicos.

As bactérias estão distribuídas por diversos habitats, podendo ser encontradas em ambientes aquáticos ou terrestres, ou ainda associadas sobre ou dentro de plantas e animais. Possuem grande diversidade metabólica, sendo capazes de obter energia tanto da luz quanto de compostos químicos, e são classificadas como quimiorotróficas, fototróficas, quimiolitotróficas, heterotróficas, entre outras.

As bactérias heterotróficas têm grande importância ecológica. Funcionam como decompositores e contribuem para devolver energia/matéria orgânica à teia alimentar, servindo também de alimento para organismos maiores. Algumas espécies bacterianas podem fixar o azoto atmosférico para gerar amoníaco, que pode ser utilizado pelas plantas ou é metabolizado por outras bactérias presentes no solo, libertando nitratos (NO_3^-). Para além do papel ecológico, estas bactérias têm também um importante papel económico, uma vez que são utilizadas em vários sectores industriais com os mais diversos fins. Por exemplo, são utilizadas na produção de queijos, iogurtes, requeijão, vinagre (onde convertem o etanol do vinho em ácido acético), ácido glutâmico (substância utilizada em temperos para acentuar o sabor dos alimentos), antibióticos e vitaminas.

A tecnologia do DNA recombinante, também chamada de "Engenharia Genética", altera geneticamente certas bactérias e permite a produção de substâncias de interesse económico, como a insulina humana. São também utilizadas para a decomposição de matéria orgânica em estações de tratamento de esgotos, e na degradação de matéria orgânica proveniente de esgotos e resíduos domésticos, em biodigestores.

2.5.2 Cianobactérias

As cianobactérias desempenharam um papel importante no desenvolvimento da vida, pois foram os primeiros organismos fototróficos oxigenados a aparecer na Terra. Correspondem a um grupo filogeneticamente associado às bactérias Grampositivas, com metabolismo gerador de oxigénio molecular, semelhante ao que ocorre nas plantas (MADIGAN et al., 2004).

As suas células contêm clorofila a e outros pigmentos acessórios (e.g. ficocianina, ficoeritrina e aloficocianina), que são responsáveis pela sua coloração (LORENZI, 2008). Para além da sua capacidade de reduzir o dióxido de carbono através da fotossíntese, algumas espécies podem realizar a fixação de azoto atmosférico, contribuindo assim para a fertilidade dos solos e das águas, bem como para a alimentação de organismos de níveis tróficos superiores (RAI, 1990).

Estas cianobactérias encontram-se em quase todos os ambientes onde há luz (exceto em ambientes com pH mais ácido). De facto, as cianobactérias foram identificadas em ambientes extremos, como areias e rochas desérticas e lagos do Ártico e da Antárctida (CASTENHOLZ, 1973; DOR & DANIN, 1996). Apresentam formas diversas em termos de arranjos e tamanhos, não possuem flagelos e formam frequentemente tapetes densos que podem ser facilmente observados a olho nu (BROCK, 1973).

As cianobactérias, juntamente com as algas, constituem a maior parte da biomassa mundial (CANEL, 1993), com importância ecológica e económica, tendo sido utilizadas na produção de alimentos com elevado valor nutritivo e na conversão de energia solar. São considerados um dos grupos de microrganismos com maior potencial para o isolamento de novos produtos bioquimicamente ativos, com aplicações em biorremediação, biodegradação e desenvolvimento de fármacos (SKULBERG, 1995; CHAY et al., 2005).

2.5.3 Leveduras

O termo levedura é derivado das palavras alemãs gist e gischt, que se referem à fermentação. As leveduras são um grupo polifilético de fungos ascomicetes e basidiomicetes com uma caraterística peculiar de crescimento unicelular, e reproduzem-se principalmente por brotamento (RAVEN et al., 2001).

Segundo Kurtzman & Fell (1998), estima-se que existam cerca de 800 espécies de leveduras distribuídas por aproximadamente 100 géneros, o que, segundo as estimativas, corresponderia a 1% das espécies existentes na natureza. No entanto, com o advento de técnicas baseadas em análises moleculares, o número de espécies descritas está a aumentar a cada dia.

Embora algumas espécies de leveduras sejam patogénicas, outras não o são e têm sido utilizadas desde tempos antigos na preparação de vinho e cerveja. A utilização de leveduras remonta a, pelo menos, 7.000 a.C. para a fermentação do vinho. Atualmente, as leveduras são utilizadas para produzir cerca de 60 milhões de toneladas de cerveja e 30 milhões de toneladas de vinho.

De facto, há espécies que têm importância industrial, como a produção de bebidas alcoólicas, e importância agrícola, enquanto outras têm um grande potencial biotecnológico.

As leveduras estão distribuídas por muitos habitats e encontram-se em ambientes terrestres e aquáticos, bem como em animais e plantas. No ambiente aquático, estão amplamente distribuídas, ocorrendo em mar aberto, mares, estuários, lagos e rios (FELL, 2001). No entanto, é difícil caraterizar as águas como um habitat específico para as leveduras, uma vez que é influenciado pelo ambiente terrestre, águas de drenagem, efluentes domésticos/industriais, entre outros.

Sieburth (1979) observou que as leveduras são os fungos dominantes nos oceanos, embora estejam em menor número quando comparadas com as bactérias. De facto, vários géneros foram observados em ambientes costeiros, tais como *Debaryomyces* (isolado perto das praias) e *Kluveromyces* (isolado exclusivamente em ambientes marinhos). Curiosamente, Araujo et al. (1995) demonstraram a sua elevada ocorrência em caranguejos, o que possivelmente explica a sua abundância neste ambiente.

Além disso, *Leucosporidium* spp., *Rhodosporidium* spp., *Candida austromarina, Candida natalensis* e *Sympodiomyces parvus* são provavelmente autóctones, tendo já sido encontrados em concentrações elevadas em amostras de águas oceânicas abertas (FELL, 1976).

As populações de leveduras em ambientes costeiros têm uma correlação positiva com indicadores de poluição, tais como: procura bioquímica de oxigénio, carbono orgânico, bactérias heterotróficas e coliformes fecais (MENDONCA-HAGLER et al., 1995). É plausível que as leveduras encontradas no ambiente costeiro sejam originárias do ambiente terrestre, principalmente de efluentes domésticos.

Numerosos factores bióticos e abióticos podem afetar a distribuição das espécies de leveduras no ambiente. Uma vez que são organismos heterotróficos, a disponibilidade de fontes de carbono orgânico é relevante. Além disso, compostos como açúcares simples, ácidos orgânicos, álcoois (incluindo metanol), hidrocarbonetos, fenóis, polissacáridos, proteínas, ácidos nucleicos e lípidos, conferem às leveduras uma versatilidade metabólica que lhes permite ocupar diferentes nichos.

Muitas espécies de leveduras toleram a concentração salina e o pH dos ambientes costeiros e, sobretudo, as flutuações de temperatura que caracterizam este ambiente.

2.6 Microorganismos hidrocarboclásticos

Os primeiros estudos sobre a utilização de hidrocarbonetos por microrganismos foram efectuados por Sohnger e Kaserer, em 1906. Em 1913, Sohnger relatou que a gasolina, o querosene, a parafina e o óleo de parafina podiam ser oxidados a CO_2 , água e vestígios de ácidos orgânicos por microrganismos que pertenciam principalmente aos géneros *Mycobacterium* e *Pseudomonas.* Alguns anos mais tarde, Gray & Thornton (1928) isolaram vários organismos pertencentes aos géneros *Micrococcus, Mycobacterium, Bacterium, Bacillus* e *Spirillum,* e demonstraram que estes microrganismos eram capazes de decompor compostos aromáticos como o naftaleno, o tolueno, o cresol e o fenol.

Além disso, a capacidade de degradar hidrocarbonetos não se limita apenas a alguns géneros de microrganismos, uma vez que vários grupos de bactérias, cianobactérias e leveduras também demonstraram ter essa capacidade (ZINJARDE & PANT, 2002; ROLING et al., 2004; TOYODA et al., 2005).

Numa extensa revisão, ZoBelll (1946) descreveu que muitas espécies de microrganismos podem utilizar os hidrocarbonetos como única fonte de carbono e energia e são a razão da sua ampla distribuição na natureza. De facto, vários trabalhos comentam a potencial utilização de leveduras e bactérias heterotróficas na depleção de hidrocarbonetos de petróleo. Ilzuka & Komagata (1964) examinaram cerca de 500 espécies de leveduras quanto à sua capacidade de utilizar hidrocarbonetos. Destas, 56 espécies tinham esta capacidade, e a maioria delas pertence ao género *Candida.*

Mais recentemente, Shaerun et al. (2004) isolaram 39 bactérias com potencial para degradar hidrocarbonetos em estudos efectuados na costa do Japão. Além disso, Zinjarde & Pant (2002) isolaram bactérias e leveduras capazes de degradar mais de 10% do petróleo bruto das amostras de sedimentos recolhidas em Bombaim, sendo que todas as leveduras pertencem ao género *Candida.*

De acordo com D'Souza (1979) e Kobatake et al. (1992), as leveduras marinhas são conhecidas por serem agentes versáteis de biodegradação, uma vez que participam em muitos processos ecológicos no ambiente aquático, mais notavelmente nos estuários e ambientes costeiros.

Além disso, estudos recentes indicaram que as leveduras negras (assim chamadas devido à intensa melanização da parede celular) da família *Herpotrichiellaceae (Chaetothyriales,* Ascomycetes) utilizam hidrocarbonetos como substrato e podem ter potencial para a biorremediação de áreas contaminadas (PRENAFETA-BOLDU et al. 2006). Estas leveduras negras também demonstraram ter a capacidade de assimilar hidrocarbonetos aromáticos (WOERTZL et al., 2001; PRENAFETA-BOLDU et al., 2002).

Muitos dos estudos relativos à identificação de leveduras degradadoras de hidrocarbonetos referem-se também às bactérias heterotróficas, que desempenham um papel importante na transformação e remineralização do carbono orgânico, do azoto e de outros nutrientes (AZAM, 1983). Tal como as leveduras, algumas espécies de bactérias heterotróficas, assim como as cianobactérias, são conhecidas pela sua capacidade de utilizar hidrocarbonetos como fonte de carbono e de energia (ZINJARDE & PANT, 2002; BARTH, 2003).

Em um estudo realizado na Praia do Perequê, no Guarujá (SP), Oliveira et al. (2007) mostraram que o crescimento de cianobactérias se correlacionou com a presença de derivados de petróleo. De fato, vários estudos têm demonstrado que as cianobactérias crescem muito bem em ambientes contaminados por petróleo (Al-Hasan et al., 1994; Sorkhoh et al., 1995; Barth, 2003). Segundo Sorkhoh et al. (1995), a presença de petróleo é tóxica para os predadores das cianobactérias, mas não tem qualquer impacto sobre as bactérias, o que pode explicar estas observações.

Considerando a afinidade de alguns grupos de microrganismos por hidrocarbonetos, a sua presença em grande número em sedimentos estuarinos pode indicar a existência de contaminação, por derivados do petróleo. Tal presença permite o isolamento de espécies microbianas com potencial utilidade na remediação e recuperação de áreas contaminadas por hidrocarbonetos.

Assim, os objetivos do presente estudo foram: 1) avaliar como a presença de hidrocarbonetos afeta a abundância de bactérias heterotróficas, cianobactérias e leveduras em sedimentos e águas estuarinas de duas regiões distintas, Estuários de Santos e Rio Itanhaém, tanto em termos de características ambientais quanto em relação ao grau de contaminação; 2) isolar microrganismos, com ênfase em leveduras, como potenciais bioindicadores de contaminação por hidrocarbonetos de petróleo e como biorremediadores de sedimentos estuarinos; e 3) contribuir para um banco de microrganismos do ambiente, para estudos futuros.

3 MATERIAL E MÉTODOS

3.1 Área de estudo

Os municípios de Santos e Itanhaém estão localizados na Bacia de Santos, no Litoral Central do Estado de São Paulo. A Bacia de Santos recebeu esse nome devido à sua localização geográfica, pois é banhada pela Serra do Mar. É uma região composta por nove municípios: Bertioga, Cubatão, Guarujá, Santos, São Vicente, Praia Grande, Mongaguá, Itanhaém e Peruíbe, e ocupa uma área de 2.373 km^2 com 161 km de praias.

Os pontos de amostragem no estuário de Santos foram nas seguintes coordenadas: Ponto 1 (P1): 23,98631° S - 46,28668° W; Ponto 2 (P2): 23,98591° S - 46,28665° W; e Ponto 3 (P3): 23.98579° S - 46.28665° W. As coordenadas dos pontos de amostragem no Estuário de Itanhaém foram: P1: 24,14038° S - 46,80316° W; P2: 24,17331° S-46,80371° W; e P3: 24,18019° S-46,79680° W (Fig. 1). A amostragem foi efectuada durante a maré baixa de sizígia, em 2009 (dezembro) e 2010 (março e junho).

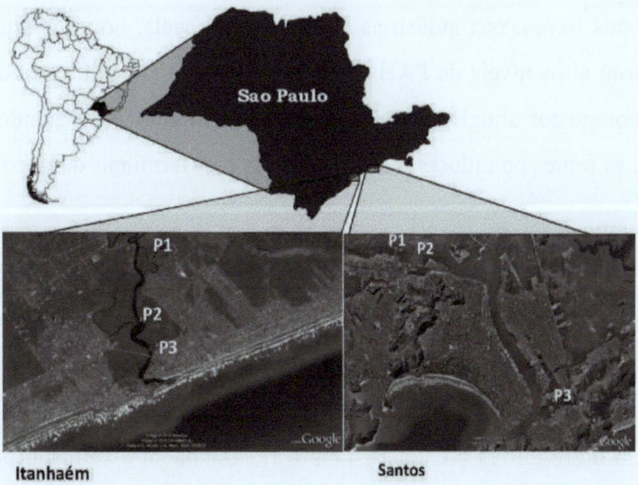

Figura 1- Pontos de amostragem localizados no Estuário do Rio Itanhaém e no Complexo Estuarino de Santos, no litoral centro-sul do estado de São Paulo, Brasil

3.1.1 Santos

O Sistema Estuarino de Santos-São Vicente (Fig. 1) está localizado no litoral central do estado de São Paulo, nas coordenadas (23° 30'5" S - 24° 00'00" S; 46° 05'00"W - 46° 30'00" W), na Região Metropolitana da Baixada Santista (MRSB) que inclui cidades densamente povoadas como São Vicente, Cubatão, Santos, Guarujá, Bertioga, entre outras (Braga et al., 2000).

A MRSB é de grande importância para o estado de São Paulo, tanto pelo aspeto ecológico pela presença de unidades de conservação, manguezais e Serra do Mar, quanto pelo aspeto econômico, com intensas atividades urbanas, industriais e portuárias. A presença do Porto de Santos, marinas, bacias de petróleo e gás, centros metropolitanos, manguezais, dunas, restingas, praias e costões rochosos são elementos permanentes no litoral paulista (Oliveira et al., 2008).

O sistema estuarino de Santos é considerado uma região crítica, devido à contaminação dos ecossistemas aquáticos (ABESSA, 2002). A contaminação por hidrocarbonetos alifáticos é alta no canal de São Vicente e no interior dos canais de Santos (BONETTI, 2000; ABESSA, 2001).

Segundo Abessa (2005), essa contaminação tem origem provável nos terminais petrolíferos, nos lixões, nas indústrias e, em menor escala, no emissário. O mesmo autor encontrou altos níveis de PAHs na área interna do Canal de Santos, com pelo menos oito compostos atingindo níveis potencialmente tóxicos. Segundo Lamparelli et al. (2001), as fontes poluidoras são as indústrias e os terminais de petróleo.

3.1.2 Itanhaém

A região de Itanhaém é um dos municípios do Litoral Paulista. Aqui está localizado o Rio Itanhaém, que é o afluente mais expressivo da região, seja em vazão ou extensão drenada.

A bacia hidrográfica é extensa, pois o rio Itanhaém é formado por inúmeros afluentes. Os principais afluentes são os rios Branco da Conceição, Preto e Aguapeú. O presente estudo abrangeu a região estuarina do rio Itanhaém, e, mais especificamente, seu estuário e região oceânica costeira. As águas dessa região, tanto fluviais quanto estuarinas, têm sido consideradas, até o momento, pouco impactadas por efluentes orgânicos ou químicos, e por isso foram utilizadas como controle no estudo.

3.2 Amostragem e processamento de amostras

Amostras de sedimento foram coletadas, com espátula estéril, da superfície até 5 cm de profundidade, em três pontos da região entremarés dos estuários de Santos e Itanhaém. As amostras foram armazenadas em frascos estéreis e mantidas sob refrigeração (4°C), até o processamento. Amostras de água também foram coletadas nos pontos correspondentes aos pontos de coleta do sedimento, a uma distância mínima de 3m, com o auxílio de frascos estéreis, e mantidas sob refrigeração, até o processamento.

Alíquotas de 20g de cada amostra de sedimento foram colocadas em frascos Erlenmeyer contendo 180ml de água do mar estéril e submetidas à agitação num aparelho tipo Kline para promover a desagregação dos microrganismos das partículas do sedimento. O sobrenadante foi utilizado para as contagens e isolamento dos microrganismos. Para as amostras de água, alíquotas de 20µl foram inoculadas em meio Marine Agar 2216E para contagem de bactérias heterotróficas. Para a contagem direta de microrganismos por microscopia de epifluorescência, 20ml de cada amostra foram fixados em formaldeído a 5% (concentração final) e armazenados a 4°C, até à preparação das lâminas.

3.3 Contagem direta de bactérias heterotróficas (HB) e cianobactérias (Cb)

Para a contagem de bactérias heterotróficas, alíquotas de 1,0 ml do sobrenadante de cada amostra foram transferidas para tubos de ensaio e coradas com DAPI, 4 ', 6-diamidino-2-fenolindole, (Porter e FIEG, 1980) e, em seguida, filtradas através de membranas Nucleopore Black com porosidade de 0,2pm, (HOBBIE, DALEY & JASPER, 1977). As membranas foram dispostas em lâminas, cobertas com uma lamínula e contadas em microscópio de epifluorescência (marca Nikon Eclipse 50i) sob luz ultravioleta (330 a 390 nm). Para a contagem de cianobactérias, as amostras foram filtradas através de uma membrana Nucleopore Black de 0,2 μm e observadas em relação à autofluorescência dos pigmentos fotossintéticos. As membranas foram dispostas em lâminas, cobertas com lamelas e observadas utilizando microscopia de epifluorescência sob luz azul (450-490 nm).

O mesmo procedimento foi utilizado para contar os microrganismos das amostras de água estuarina, filtrando 10 ml para a contagem de cianobactérias e 250 μl para a contagem de bactérias heterotróficas.

3.4 Contagem direta de leveduras

Para a contagem de leveduras, alíquotas de 1 ml do sobrenadante de cada amostra foram transferidas para tubos de ensaio contendo etanol a 70% (v/v). Após 30 minutos, foram adicionados 0,1 a 0,5 μl de DAPI aos tubos e incubados durante 30 minutos no escuro, para que o corante reagisse com as células. As amostras foram então filtradas através de membranas Nucleopore Black de 1,0 μm de porosidade, dispostas em lâminas e cobertas com lamínulas. As contagens foram efectuadas utilizando um microscópio de epifluorescência sob luz azul (450-490nm).

O mesmo procedimento foi utilizado para as amostras de água, com exceção do volume de amostra de 10 ml.

3.5 Isolamento de microrganismos

3.5.1 Leveduras

Para o crescimento e isolamento das leveduras, foram utilizados os meios YMA (0,3% de extrato de levedura, 0,3% de extrato de malte, 0,5% de peptona, 1,0%

de glicose e 2,0% de ágar) e MYP (0,7% de extrato de malte, 0,05% de extrato de levedura, 0,25% de peptona e 1,5% de ágar), tal como descrito em Yarrow (1998) e Bandoni (1972). Ambos os tipos de meios continham o antibiótico cloranfenicol ($0{,}1 mg.ml^{-1}$), preparado com água do mar esterilizada (filtrada através de um filtro Millipore de 0,22pm autoclavado). Foi também utilizado meio de Sabouraud (5 g de caseína digerida, 5 g de tecido animal digerido, 40 g de glucose e 15 g de ágar), preparado com água do mar esterilizada para o crescimento e manutenção das colónias. As placas foram incubadas no escuro, a 20 ° C e monitorizadas diariamente para isolamento das colónias. Foram isoladas colónias representativas de todos os morfotipos presentes nas placas, sendo que as colónias com morfologia semelhante foram isoladas em maior número. Após o isolamento, as colónias foram armazenadas em meio Gymp (glucose 2%, extrato de malte 1%, extrato de levedura 0,5%, NaH_2 PO_4 0,1%, ágar 2,0%) a -4 ° C, e também como reservas de glicerol (meio Gymp e 15% de glicerol) a -85 ° C.

3.5.2 Leveduras pretas

O crescimento e o isolamento das leveduras negras foram realizados em frascos Erlenmeyer de 250 ml, contendo 100 ml de solução salina e antibióticos (200 U/ml de penicilina; 200µg/ml de cloranfenicol; 200µg/ml de estreptomicina; e 500 µg/ml de actidiona) (SATOW et al., 2008), aos quais foram adicionados 20 g de amostra. A suspensão foi homogeneizada e incubada durante 30 min. à temperatura ambiente. De seguida, adicionaram-se 20 ml de óleo mineral à suspensão, que foi agitada vigorosamente em vórtex (5 min) e depois ressuspendida (20 min). Após o repouso, alíquotas de 150µl da interface óleo-água foram transferidas para placas contendo meio de micosel (10g de digestão enzimática de soja, 10g de dextrose, 15,5g de ágar, 0,4g de cicloheximida e 0,05g de cloranfenicol) e espalhadas com uma alça de Drigalsky. Foram inoculadas dez placas por amostra (incubadas a 30°C) e incubadas até ao aparecimento de colónias escuras. As colónias que morfologicamente se assemelhavam a leveduras negras foram transferidas para novas placas de micosel para purificar a cultura. É de notar que esta metodologia também permitiu o isolamento de leveduras não negras.

3.6 Caracterização morfo-fisiológica das leveduras

Inicialmente, foi efectuada a caraterização da morfologia colonial e celular de cada estirpe e, em seguida, foram realizados testes fisiológicos, utilizando o método descrito em Barnett et al. (2000) e Yarrow (1998), bem como a chave disponível no sítio Web do Centraalbureal voor Schimmelcultures (CBS) (www.cbs.knaw.nl), e bibliografia suplementar.

As estirpes foram então agrupadas e os representantes de cada grupo foram utilizados para identificação por métodos moleculares. O mesmo procedimento foi efectuado com as estirpes individuais e também com as estirpes que não se enquadravam nos grupos.

3.7 Caracterização molecular

A caraterização e identificação por métodos moleculares foram efectuadas de acordo com Sampaio et al. (2001) e Pagnocca et al. (2008).

3.7.1 Identificação de leveduras por métodos moleculares

3.7.1.1 Extração de ADN

Para a extração do ADN bruto dos isolados, três alças de cultura de levedura cultivadas em ágar Sabouraud durante 7 dias foram transferidas para tubos Eppendorf e ressuspendidas em 500pl de tampão de lise TNES (50mmol Tris; 250mmol NaCl: 50mmol EDTA, 0,3%, p/v, SDS, pH 8). Em seguida, foram adicionados 100μl de microesferas de vidro estéreis (Sigma). Após agitação em vórtice (4min.), os tubos foram incubados (1h a 65 ° C). Após uma segunda agitação em vórtex, as amostras foram centrifugadas (15 min a 13.000 RPM). O sobrenadante, contendo ADN bruto, foi recuperado e transferido para tubos de 1,5 ml, armazenado a -20 ° C até à utilização e, em seguida, diluído 1: 750 (SAMPAIO et al., 2001).

3.7.1.2 Agrupamento MSP-PCR

O agrupamento de cepas representativas, realizado de acordo com as características fenotípicas, foi utilizado para um novo agrupamento por fingerprinting utilizando microssatélites (MSP-PCR), de acordo com Meyer et al. (1993). As reações foram montadas com 4µl de dNTPS (1,25 mM), 2,5µl de Tampão 10X, 1 µl de $MgCl_2$, 0,2µl de Taq, 10,3µl de água purificada para PCR, 2pl do primer (GTG) 5 e 5 µl de DNA (diluído 1: 750). O programa do termociclador (PTC-100TM) para amplificação foi: 95°C por 3 minutos, seguido de 40 ciclos a 93°C por 45 segundos, 50°C por 1 minuto, 72°C por 1 minuto, com extensão final a 72°C por 6 minutos.

As amostras foram então carregadas em géis de agarose a 1,4%, submersas em TBE 0,5X e separadas a 90V durante 3 horas. O gel foi então corado durante 25 minutos numa solução de brometo de etídio e branqueado sequencialmente durante 5 minutos. As fotografias dos géis de microssatélites foram analisadas e as bandas foram agrupadas através de uma análise de clusters utilizando o algoritmo Neighbor Joining.

3.7.1.3 Amplificação - PCR (região D1/D2 do ADN ribossómico 26S)

Para cada amostra de ADN foi preparada uma solução contendo 2,5 µl de tampão de PCR; 8,3 µl de água ultra pura estéril; 2µL de "primer" NL1 (10,0µM); 2µl de "primer" NL4 (10µM); 4µl de dNTPs (1,25mM); 1 µl de MgCl2; 0,2 µl de Taq polimerase (5,0 U / µl). A partir desta solução, 20pl foram aliquotados para tubos de plástico de 0,5mL e, em seguida, foram adicionados 5 µl de amostra de DNA devidamente diluída (12 - 20ng). A amplificação dos fragmentos de ADN foi efectuada num termociclador utilizando o seguinte programa: 96°C durante 3 minutos, seguido de 35 ciclos a 96°C durante 30 segundos, 61°C durante 45 segundos e 72°C durante 1 minuto. Os produtos foram colocados num gel de agarose a 1% (1 g de agarose (Promega Corporation, EUA) por 100 ml de tampão TBE 1X (Tris-borato - EDTA)). Após uma corrida de 40 minutos, a 100 V, o gel foi corado numa solução de brometo de etídio durante cerca de 20 minutos e depois branqueado sequencialmente durante cerca de 5 minutos. O gel foi então visualizado num translúcido "Electron Multiwave ™ Transluminator" e fotografado, utilizando o programa Kodak Digital Science ID®. A qualidade da purificação foi confirmada através da execução de um gel de agarose a 1% (em 1x TBE), juntamente com uma escada de ADN de 1 kb.

3.7.1.4 Reação de sequenciação

Os iniciadores utilizados para a reação de sequenciação foram NL1 e NL4. Para cada amostra, foram preparadas duas soluções: 1,75µl de Save Money, 0,5µl de Big Dye 3.1, 5-20µg de DNA (diluído 1: 750), 0,6pl de um primer (10µM) e água ultrapura estéril (Milli-Q), até o volume final de 10µl. O programa utilizado para a reação de sequenciação foi: 95°C durante 1 minuto, seguido de 28 ciclos de 95°C durante 15 segundos, 50°C a 45 segundos, 60°C durante 4 minutos e 4°C - ∞>.

3.7.1.5 Purificação da reação de sequenciação

Os produtos da reação de sequenciação foram purificados por precipitação com etanol. A cada amostra: foram adicionados 1µl de solução de EDTA 125mM, 1µl de solução de acetato de sódio 3M e 25µl de etanol a 100%. Os tubos foram armazenados no escuro durante 15 minutos e depois centrifugados durante 25 minutos. Após a centrifugação, o líquido foi removido dos tubos e foram adicionados 35 µl de etanol a 70%. As amostras foram centrifugadas durante 10 minutos. O líquido foi novamente removido e os tubos foram colocados no SPEED VAC durante 10 minutos sem aquecimento e armazenados no escuro com as tampas abertas durante 1 a 2 horas para evaporar qualquer etanol residual. Após este período, as amostras foram ressuspendidas em 10 µl de Hi Di Formamide ("Applied Biosystems") e aplicadas no sequenciador ABI 3500.

3.8 Isolamento de bactérias heterotróficas

Para o isolamento das bactérias heterotróficas, 20 g de cada amostra de sedimento foram adicionados a frascos Erlenmeyer contendo 180 ml de água do mar esterilizada e incubados durante 30 minutos à temperatura ambiente. Após a incubação inicial, foram adicionados 20 ml de óleo mineral esterilizado a cada frasco e as amostras foram agitadas durante 5 minutos. A interface óleo/água foi cuidadosamente recolhida e inoculada em placas contendo meio Marine Agar 2216E1, que foi preparado com água do mar estéril. As placas foram incubadas a

36°C durante 2448 horas ou até apresentarem um crescimento vigoroso. As colónias de bactérias heterotróficas com características morfológicas distintas foram então isoladas e armazenadas em Marine Agar 2216E para posterior identificação e armazenadas em 15% de glicerol a -85°C.

3.9 Parâmetros físico-químicos

Uma alíquota da água intersticial do sedimento foi retirada de cada ponto de amostragem com um extrator de soluções (modelo ESS). A salinidade e o pH das amostras de água intersticial e de água estuarina foram determinados com um refratómetro portátil e um medidor de pH (marca Inolab). Para determinar a temperatura do sedimento, foi inserido um termómetro de solo em cada ponto de amostragem. A temperatura da água foi determinada com uma sonda de temperatura de um medidor de pH portátil.

3.10 Análise química de sedimentos

As amostras de sedimentos foram analisadas pelo Laboratório Analítico Corplab. Os parâmetros analisados foram hidrocarbonetos totais de petróleo (TPH), metais totais e BTEX (benzeno, tolueno, etil-benzeno e xileno). A extração e análise foram realizadas de acordo com as normas recomendadas pela Agência de Proteção Ambiental dos Estados Unidos. Como o Brasil não possui legislação específica para esses parâmetros, em sedimentos estuarinos, os resultados foram analisados com base nos valores orientadores do "Environmental Canada" (Tab. 3).

Tabela 3- Critérios de avaliação da qualidade dos sedimentos segundo a Environmental Canada (fonte: CETESB, 2001)

Pollutant		Environmental Canada 1999			
		freshwater		saline/brackish water	
		TEL	PEL	TEL	PEL
Heavy metals and arsenic (ug/g)	Arsenic	5,9	17	7,24	41,6
	Cadmium	0,6	3,5	0,7	4,21
	Lead	35	91,3	30,2	112
	Copper	35,7	197	18,7	108
	Chromium	37,3	90	52,3	160
	Mercury	0,17	0,486	0,13	0,696
	Nickel	18*	35,9*	15,6*	42,8*
	Zinc	123	315	124	271

* FDEP (1994); TEL (Threshold Effect Level) = Nível de limiar abaixo do qual não ocorre qualquer efeito adverso para a comunidade biológica; PEL (Probable Effect Level) = Nível provável de efeito adverso para a comunidade biológica (frequentemente associado a efeitos biológicos).

3.11 Análise estatística

Os resultados das contagens directas de cada microrganismo foram submetidos a uma análise ANOVA (one way), sendo o contraste entre as médias avaliado pelo teste de Tukey "a posteriori", a 5% de significância estatística.

Assim, foi avaliado o efeito dos pontos de amostragem (P1 a P3) de cada estuário sobre a concentração dos microrganismos, sendo o mesmo para o efeito do substrato por estuário, bem como uma comparação entre os estuários, independente dos pontos de amostragem.

4 RESULTADOS E DISCUSSÃO

4.1 Parâmetros físico-químicos

Um resumo dos dados dos parâmetros físicos em cada ponto de amostragem está listado na tabela 4. Os valores de salinidade da água de Santos são condizentes com a condição estuarina do ambiente, enquanto os valores de salinidade de Itanhaém foram baixos, o que indica que se trata de água doce ou que há aporte de água doce no estuário, durante o período de amostragem. O estuário de Santos apresentou variações na salinidade, tanto para as amostras de água (variando de 1 a 30) quanto de sedimento (variando de 0 a 29). Para as amostras de Itanhaém (água ou sedimento), a variação foi semelhante (1 a 2).

O pH do estuário de Santos variou de 7,61 a 7,89 e de 7,61 a 7,85 para as amostras de água e sedimento, respetivamente. Para as amostras de Itanhaém, a variação foi de 5,85 a 8,68 e de 6,01 a 8,22 para água e sedimento, respetivamente.

Por fim, a temperatura dos pontos amostrados em Santos variou de 22 a 26,2 e 25 a 32 para amostras de água e sedimento, enquanto as amostras de Itanhaém variaram de 17,5 a 21 e 22 a 29 para amostras de água e sedimento, respetivamente.

As grandes variações de salinidade, pH e temperatura podem ser devidas a tempestades e ciclones extra-tropicais que ocorrem durante os períodos de recolha. As tempestades provocam mudanças no padrão dos ventos nos oceanos e alterações no nível médio do mar (HERZ, 1977; HARARI & CAMARGO, 1998). As reduções drásticas da pressão atmosférica produzem uma subida do nível do mar, de tal forma que uma redução de 1hPa produz uma subida média do nível do mar de cerca de 1 cm (NEVES & MUEHE, 2008). Além disso, os ventos carregam tensões tangenciais sobre o mar que provocam deslocamentos da massa de água, processo conhecido como "transporte de Ekman" (MIRANDA, CASTRO & KJERFVE, 2002). Esses eventos são responsáveis por fenômenos como: a ressurgência em Cabo Frio (RJ), o empilhamento de água próximo à costa que bloqueia o fluxo dos rios, a inundação de lagoas costeiras, a drenagem pluvial prejudicial, que impedem a variação das amplitudes das marés. Com isso, a água fica "aprisionada" na costa, como consequência, não há grandes variações de salinidade dentro do estuário.

Tabela 4- Caracterização de alguns parâmetros ambientais (pH, temperatura e salinidade) medidos em amostras de água e sedimento obtidas nos estuários de Santos e Itanhaém, no litoral centro-sul do estado de São Paulo, Brasil. Onde: Min, valor mínimo; Max, valor máximo; x, média; s, desvio padrão; CV (%), coeficiente de variação em porcentagem; KW, qui-quadrado de Kruskal- Wallis.

	Abiotic Parameters	Santos		Itanhaém		KW	P
		Min - Max	x ± s	Min – Max	x ± s		
Water	pH	7.6 - 7.9	7.7 ± 0.1	5.9 - 6.3	6.1 ± 0.1	12.923	3.25 e-04
	T (°C)	25.0 - 33.0	31.0 ± 2.4	17.5 - 21.0	18.9 ± 1.1	13.128	2.91 e-04
	Salinity	0.1 - 30.0	19.4 ± 11.9	0.1 - 0.2	0.2 ± 0.1	5.399	2.02 e-02
Sediment	pH	7.6 - 7.9	7.7 ± 0.1	6.0 - 6.3	6.1 ± 0.1	12.829	3.41 e-04
	T (°C)	22.0 - 26.2	22.5 ± 1.4	22.0 - 29.0	25.7 ± 2.7	7.395	6.54 e-03
	Salinity	0 - 29.0	19.2 ± 11.5	0 - 0.2	0.2 ± 0.1	4.600	3.19 e-02

4.2 Metais pesados e hidrocarbonetos

A concentração de mercúrio nas amostras de sedimentos do estuário de Santos estava acima do TEL recomendado pelo Environmental Canada (0,13 $\mu g.g^{-1}$). Os pontos 1 e 2 apresentaram valores de 0,19 $\mu g.g^{-1}$, enquanto apenas o ponto 3 ficou abaixo do valor limite. Todas as amostras de Itanhaém apresentaram valores abaixo do TEL para todos os pontos (Fig. 2a).

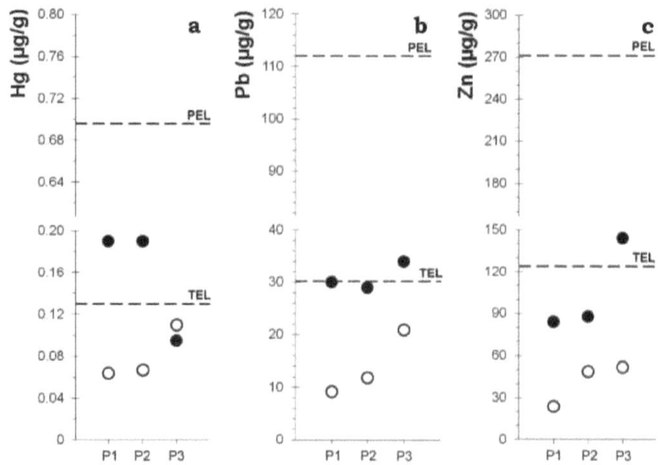

Figura 2 - Concentração de metais de Mercúrio (Hg-a), Chumbo (Pb-b) e Zinco (Zn-c) nos estuários de Santos (-) e Itahaem (o). As linhas tracejadas indicam o TEL (Threshold Effect Level) e o PEL (Probably Effect Level) do Environmental Canada.

De acordo com o relatório da CETESB (2001), as principais fontes de contaminação do Sistema Estuarino de Santos-São Vicente são as indústrias Carbocloro, RPBC (Refinaria Presidente Bernardes-Cubatão) -Petrobrás, Liquid Chemical, Cosipa e Dow Química. No entanto, a concentração de mercúrio encontrada nos efluentes dessas indústrias estava abaixo dos limites legais de lançamento (CETESB, 1986). Ainda, segundo este relatório, cerca de 40% das amostras de sedimentos analisadas apresentaram valores acima do TEL e, destas, 8% apresentaram valores acima do PEL.

De acordo com Fowler (1990), a concentração de mercúrio em sedimentos estuarinos e marinhos em áreas não contaminadas é inferior a 0,1 $\mu g.g^{-1}$ e pode variar de 5 a 32 $\mu g.g^{-1}$ em áreas fortemente contaminadas. Os resultados obtidos neste estudo estão abaixo dos valores encontrados em áreas contaminadas, porém, ultrapassam o valor orientador, indicando assim que há uma provável influência sobre os organismos presentes na área de estudo.

A concentração de chumbo nos pontos amostrados atingiu o valor do TEL nos pontos 1 e 2 das amostras de Santos (30 e 34 $\mu g.g^{-1}$, respetivamente) e permaneceu abaixo do TEL nas amostras de Itanhaém (Fig. 2b). Os valores obtidos no presente estudo demonstram que as amostras dos pontos 1 e 2 de Santos estão acima do limite TEL estabelecido (31 e 34 $\mu g.g^{-1}$, respetivamente), enquanto todas as amostras de Itanhaém ficaram abaixo do limite TEL. O chumbo está geralmente associado às indústrias de extração, processamento e fundição de metais e também está presente nos efluentes das indústrias de refino de petróleo, petroquímica e siderúrgica, entre outras.

As maiores concentrações de chumbo nos sedimentos de Santos foram encontradas nas proximidades da Dow Química, no Rio Santo Amaro. Em levantamento realizado pela CETESB, o maior valor encontrado para esse ponto foi de 66 $\mu g.g^{-1}$, mais que o dobro do valor TEL estabelecido pelo "Environmental Canada".

Em contraste, a concentração de zinco nos pontos amostrados excedeu o TEL apenas no ponto 3 do estuário de Santos (144$\mu g.g^{-1}$), enquanto todas as outras amostras estavam abaixo do limite (Fig. 2c).

De acordo com a CETESB (2001), os sedimentos próximos às fontes industriais ao longo do estuário de Santos apresentam acúmulo de zinco. Por exemplo, as regiões localizadas próximas à COSIPA e Dow Química, no Rio Santo Amaro, contêm altas concentrações de zinco atingindo o valor do PEL. Na região do Rio Santo Amaro, foram registradas concentrações que variaram de 183 a 221$\mu g.g^{-1}$ (CETESB, 2001), corroborando os dados do presente estudo, onde a concentração de zinco foi superior ao TEL no ponto 3, que corresponde à região do Rio Santo Amaro.

Uma vez que nos ecossistemas naturais, a diversidade e o número de microrganismos na comunidade apresentam oscilações, resultantes de alterações ambientais, é plausível que os metais pesados sejam determinantes do equilíbrio microbiológico, devido à sua persistência e ao seu potencial tóxico.

A influência dos metais pode ser aditiva ou depressiva e, quando presentes em concentrações elevadas, podem levar a uma diminuição da diversidade genética da população microbiana (HIRSCH et al., 1993). Podem também inibir a atividade de bactérias, fungos e leveduras, perturbando assim o equilíbrio ecológico do ecossistema (REBER, 1992; LANDERMEYER, BRADLEY & CHAPEL, 1993).

A presença de metais pesados no ambiente, especialmente nos sedimentos, pode reduzir drasticamente a abundância e a diversidade das populações, interferir com os processos microbiológicos (por exemplo, transformações de compostos azotados) (HASSEN et al., 1998; MUNN, EVANS & CHALK, 2000) e reduzir a mineralização da matéria orgânica do sedimento (REBBER, 1992).

É importante salientar que os metais são necessários para o crescimento dos microrganismos. Por exemplo, em pequenas quantidades, Zn, Cu, Ni, Co, Cd e Cr são essenciais para plantas, animais e microrganismos, no entanto, Pb e Hg não têm nenhuma função biológica (CHAUDRI, McGRATH & GILLER, 1992). Em concentrações elevadas, todos estes metais são altamente tóxicos e podem desnaturar proteínas e/ou bloquear os locais activos das enzimas (SIQUEIRA et al., 1994).

Embora alguns pontos amostrados neste estudo tenham valores abaixo do limite, a libertação contínua no sedimento, que funciona como um filtro, leva a uma acumulação cumulativa de metais e outras substâncias. Esta pode ser ainda mais agravada quando os microrganismos transformam os metais em compostos ainda mais tóxicos. De facto, alguns microrganismos podem reduzir ou oxidar formas inorgânicas ou converter metais em formas orgânicas e vice-versa. Por exemplo, há relatos de que fungos, leveduras e bactérias podem metilar o mercúrio (HUNGRIA & URQUIAGA, 1992). Moléculas como o monometilmercúrio (CH_3 Hg) ou o dimetilmercúrio (CH $HgCH_{33}$) são mais tóxicas, porque são mais facilmente absorvidas e retidas nos tecidos animais do que a forma metálica (PAUL & CLARK, 1989).

Os solventes aromáticos (BTEX) foram detectados em todas as amostras de ambos os estuários amostrados; no entanto, não foram encontrados em concentrações ou concentrações consideradas como um risco para a comunidade biológica (Tabela 5).

Em relação aos hidrocarbonetos, os maiores valores obtidos no presente estudo foram encontrados nos pontos amostrados em Santos (380, 517 e 915 $\mu g.g^{-1}$, para os pontos 1, 2 e 3 respetivamente), sendo uma ordem de grandeza superior aos valores encontrados nos sedimentos de Itanhaém (Fig. 3).

Tabela 5- Concentrações (mg kg^{-1}) de solventes aromáticos registradas em amostras de sedimentos nos estuários de Santos e Itanhaém, no litoral centro-sul do estado de São Paulo, Brasil

Aromatic Solvents	Santos			Itanhaém		
	P1	P2	P3	P1	P2	P3
Benzene	< 0.008	< 0.009	< 0.011	< 0.010	< 0.010	< 0.017
Toluene	< 0.008	< 0.009	< 0.011	< 0.010	< 0.010	< 0.017
Etilbenzene	< 0.008	< 0.009	< 0.011	< 0.010	< 0.010	< 0.017
m,p-Xylene	< 0.016	< 0.017	< 0.022	< 0.020	< 0.020	< 0.034
o-Xylene	< 0.008	< 0.009	< 0.011	< 0.010	< 0.010	< 0.017
Total Xylene	< 0.025	< 0.026	< 0.033	< 0.030	< 0.031	< 0.050

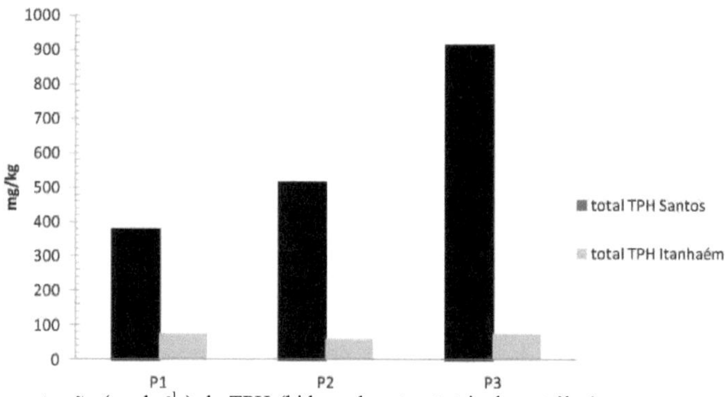

Figura 2- Concentração (mg.kg^{-1}) de TPH (hidrocarbonetos totais de petróleo) em amostras de sedimento obtidas em três pontos de amostragem de dois estuários (Santos e Itanhaém) no litoral centro-sul do estado de São Paulo, Brasil.

A presença de TPH em todos os pontos amostrados pode indicar contaminação crônica do sedimento. Nas amostras de sedimento de Santos, essa contaminação pode ser proveniente das indústrias de refino de petróleo próximas ao Rio Cubatão, ou devido à presença de descargas de óleo e outros combustíveis por marinhas ou embarcações no Rio Santo Amaro (Fig. 8). Nas amostras de Itanhaém, a presença de TPH, embora em pequena quantidade, pode ser proveniente de vazamentos em pequenas embarcações que navegam no rio.

Figura 3- Marinas no Rio Santo Amaro (fonte: Google Earth)

A presença desses contaminantes (por exemplo, mercúrio, chumbo e zinco) acima dos limites TEL nos sedimentos do estuário de Santos indica que há um potencial para efeitos deletérios sobre a biota local, incluindo microorganismos.

No entanto, é importante ressaltar que os dados aqui apresentados referem-se a duas amostragens e o relatório feito pela CETESB foi baseado em apenas uma amostragem pontual. No entanto, esses elementos foram detectados nas amostras analisadas indicando uma provável contaminação por fontes pontuais ou difusas e um impacto antrópico. A extensão da contaminação, bem como os efeitos deletérios que esta contaminação pode ter sobre a biota e a microbiota destes ambientes, necessita de maiores investigações.

4.2 Contagem direta de microrganismos

A concentração média de cianobactérias na água em Itanhaém (1.392 ± 739 células.ml^{-1}) foi cerca de três vezes maior que a de Santos ($F = 14,94$, $p = 0,0014$). O inverso foi observado no sedimento, com a concentração média em Santos (1.241 ± 897 células.ml^{-1}) superior a 20 vezes a de Itanhaém (60 ± 10 células.ml^{-1}) ($F = 15,59$, $p = 0,0012$) (Fig. 5).

Oliveira et al. (2007), realizaram um estudo na Praia do Pereque, no Guarujá (SP), e observaram que as maiores densidades de cianobactérias se correlacionaram positivamente com a presença de derivados de petróleo. De fato, vários autores têm demonstrado que as cianobactérias crescem em ambientes contaminados por petróleo (SORKHOH et al., 1992; BARTH et al., 1994; BARTH, 2003), e utilizam esses hidrocarbonetos como fonte de carbono. De acordo com Sorkhoh et al. (1995), a presença de petróleo é tóxica para os predadores das cianobactérias, o que pode explicar o seu elevado crescimento em ambientes contaminados. Ainda assim, Chaillan et al. (2005) observaram uma elevada taxa de degradação de hidrocarbonetos por cianobactérias numa área afetada por um derrame de petróleo na Indonésia.

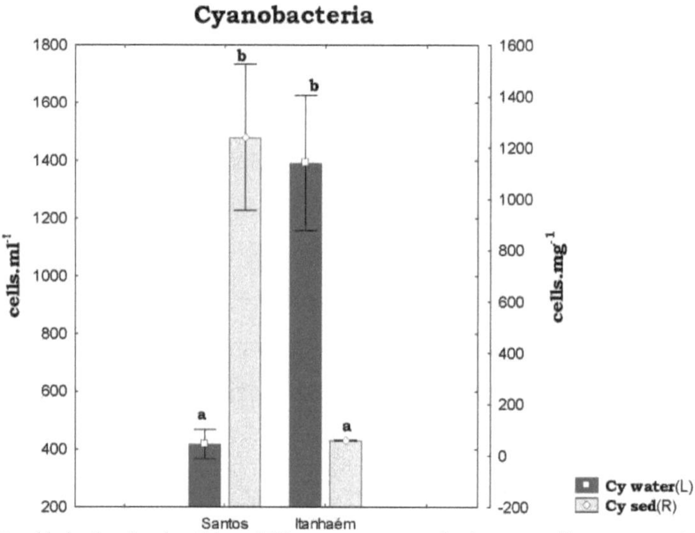

Figura 4- Densidade de cianobactérias obtidas em amostras de água e sedimento em três pontos de amostragem de cada estuário. Em que: Ponto branco = média; Barra cinza = média ± erro padrão; bigodes = média ± intervalo de confiança de 5 %; e letras = médias da mesma matriz ambiental associadas a letras diferentes são estatisticamente diferentes ($p<0,05$).

Por outro lado, a concentração média de bactérias na água de Santos ($1,7 \times 10^7 \pm 8,7 \times 10^5$ células.ml^{-1}) foi cerca de oito vezes maior que a de Itanhaém ($2,2 \times 10^7 \pm 1,16 \times 10^5$ células.ml^{-1}) = 0.000159), e a concentração média no sedimento Santos (4.567 ± 1.409 células.ml^{-1}) foi semelhante à de Itanhaém (4.120 ± 757 células.ml^{-1}) ($F = 0,7$; $P = 0,4$) (Fig. 6).

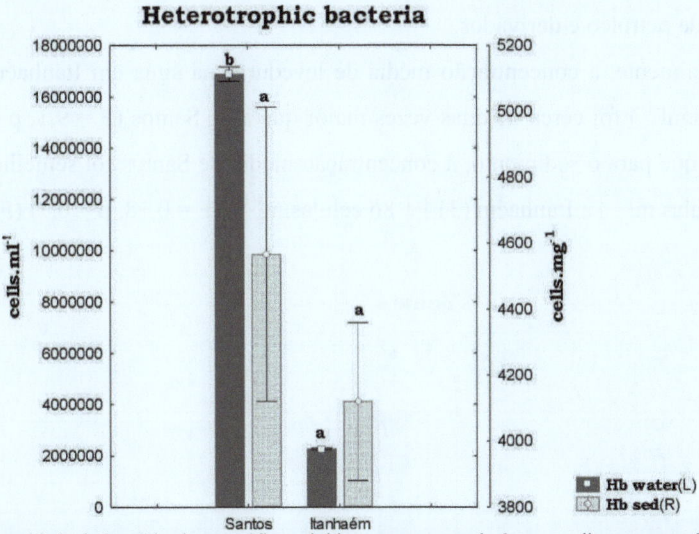

Figura 5- Densidade de bactérias heterotróficas obtidas em amostras de água e sedimento em três pontos de amostragem de cada estuário. Em que: Ponto branco = média; barra cinza = média ± erro padrão; bigodes = média ± intervalo de confiança de 5 %; e letras = médias da mesma matriz ambiental associadas a letras diferentes são estatisticamente diferentes ($p<0,05$).

De fato, as águas do sistema estuarino de Santos são influenciadas por inúmeras atividades que podem causar sérios impactos ao meio ambiente e contribuir para o aumento da densidade de microorganismos. Entre essas atividades estão as atividades portuárias e o lançamento de efluentes domésticos na região estuarina. Esses efluentes, que podem ser tratados, parcialmente tratados ou lançados na natureza, carregam uma variedade de microorganismos patogênicos, como bactérias, vírus e protozoários, o que explica as altas densidades bacterianas nas amostras do estuário de Santos, obtidas no presente estudo.

A partir de 1979, evidenciou-se uma grave deterioração do meio ambiente, com impactos significativos nas áreas social e de saúde pública, devido aos poluentes industriais e esgotos do Porto de Santos e das cidades da região (CETESB, 1979). Esse cenário foi ainda agravado pela disposição de resíduos sólidos industriais e domésticos em locais inadequados, e pelos freqüentes derramamentos acidentais de óleo e outras substâncias tóxicas nos cursos d'água (TOMMASI, 1979). Portanto, não é possível correlacionar diretamente a densidade de bactérias encontradas com a presença de petróleo e derivados.

Finalmente, a concentração média de leveduras na água em Itanhaém (329 ± 91 células.ml^{-1}) foi cerca de duas vezes maior que a de Santos (F = 9,1, p = 0,008), enquanto que para o sedimento, a concentração média de Santos foi semelhante (347 ± 223 células.ml^{-1}) a Itanhaém (314 ± 86 células.ml^{-1}) (F = 0,18, p = 0,7) (Fig. 7).

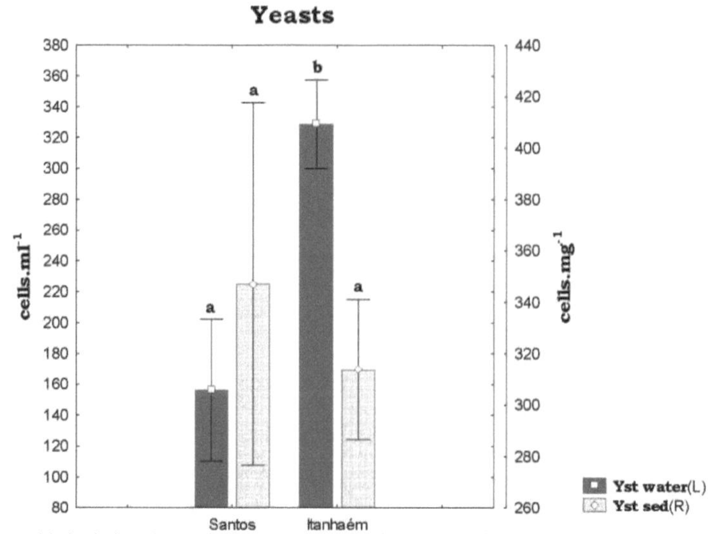

Figura 6- Densidade de leveduras obtidas em amostras de água e sedimento em três pontos de amostragem de cada estuário. Em que: Ponto branco = média; Barra cinza = média ± erro padrão; bigodes = média ± intervalo de confiança de 5 %; e letras = médias da mesma matriz ambiental associadas a letras diferentes são estatisticamente diferentes (p<0,05).

De acordo com De Souza & D'Souza (1979) e Kobatake et al. (1992), as leveduras marinhas são conhecidas por serem agentes de biodegradação versáteis. Elas participam em muitos processos ecológicos no ambiente aquático, especialmente em estuários e ambientes costeiros.

De facto, Kutty & Philip (2008) mostraram que, nos sedimentos estuarinos, as populações de leveduras tendem a aumentar na presença de petróleo. Segundo estes autores, as leveduras isoladas de regiões poluídas apresentam propriedades hidrocarboclásticas muito mais elevadas do que as mesmas espécies isoladas de zonas não contaminadas. Segundo Zinjarde (2002), há uma diminuição significativa da densidade de leveduras em ambientes não contaminados. Ainda assim, os estuários demonstram uma população mais densa de leveduras do que as áreas marinhas adjacentes.

Altas concentrações de microorganismos degradadores de hidrocarbonetos foram observadas por Hagler, De Oliveira & Mendonça-Hagler (1982) em um estuário contaminado no Rio de Janeiro, com as maiores densidades sendo encontradas a uma profundidade de 2 cm.

Entretanto, os resultados encontrados neste trabalho diferem dos dados disponíveis na literatura, uma vez que a maior densidade de leveduras foi encontrada em ambientes mais limpos (e.g. Itanhaém), tanto na água quanto no sedimento. Isso pode estar relacionado à contaminação crônica por metais pesados em alguns ambientes marinhos costeiros da Bacia de Santos e pode ter forte influência na sobrevivência desses microrganismos, uma vez que estes podem apresentar respostas ao estresse causado pelas atividades antrópicas.

4.3 Isolamento de microrganismos

4.4.1 Bactérias

Foram isoladas 2.306 cepas bacterianas, que foram armazenadas em ultrafreezer, para posterior identificação. Das amostras de Santos, foram isoladas 455 cepas de água e 390 de sedimento. Para as amostras de Itanhaém, foram isoladas 1.002 cepas de água e 459 de sedimento (Tabela 6)

Tabela 6- Percentagem de estirpes de bactérias isoladas das amostras de Santos e Itanhaém

	SANTOS			ITANHAÉM		
	Water	Sediment	TOTAL	Water	Sediment	TOTAL
Point 1	96	152	248	240	113	353
Point 2	192	125	315	748	177	925
Point 3	167	113	280	414	169	580
TOTAL	455 (53,8%)	390 (46,2%)	390	1002 (68,6%)	459 (31,4%)	

4.4.2 Isolamento de leveduras

A distribuição das cepas de leveduras isoladas durante este estudo é mostrada na tabela 7. No total, foram obtidos 80 isolados, sendo que a maioria destes (46) foi isolada do sedimento de Itanhaém (Tabela 7). Em ambos os estuários, também foi observado que o número de isolados encontrados no sedimento foi maior do que a quantidade encontrada na água. De acordo com Brunke & Fischer (1999), as partículas do sedimento fornecem proteção contra a luz solar (DAVIES-C OLLEY et al., 1999) e contra a predação (DAVIES & BAVOR, 2000). Para além disso, estas partículas contêm elevadas concentrações de nutrientes, que são benéficos para a manutenção das populações de leveduras. Além disso, as leveduras dos sedimentos costeiros podem estar envolvidas na decomposição, na ciclagem dos nutrientes e na biotransformação do petróleo, dos xenobiontes e de outros compostos complexos (AHEARN & MEYERS, 1972; MEYERS & AHEARN, 1974; MACGILLIVRAY & SHIARIS, 1993).

Tabela 7 - Cepas de leveduras isoladas das amostras de Santos e Itanhaém

	Santos		**Itanhaém**	
	sediment	water	sediment	water
Point 1	4	0	10	6
Point 2	2	0	14	1
Point 3	9	9	21	4
Total	15	9	45	11

Os isolados de leveduras foram agrupados por aspectos morfológicos e fisiológicos e posteriormente por MSP-PCR, o que resultou em sete clusters para posterior sequenciamento. Com base nos testes fisiológicos, as estirpes foram classificadas em grandes grupos, e 85% das 80 estirpes foram classificadas como ascomicetes, 12,5% eram representativas de basidiomicetes e 2,5% pertenciam ao grupo das leveduras ascomicetes (Fig. 8).

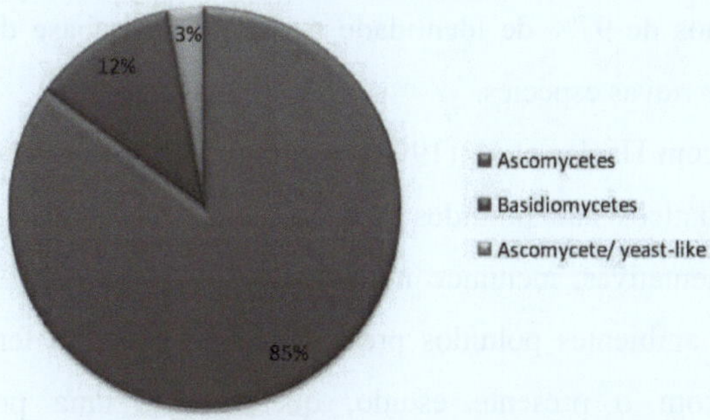

Figura 7 - Classificação das estirpes em grupos principais

Através de análise molecular, as cepas isoladas foram identificadas com base nas seqüências obtidas, e comparadas com as presentes no banco de dados (NCBI - *www.ncbi.nlm.nih.gov)*. Das nove estirpes isoladas das amostras de água de Santos, 55% pertenciam ao género *Candida* e 33% foram atribuídas ao género *Pichia*. Também foi identificada *a Exophiala dermatitidis*, que é uma levedura extremamente patogênica que pode causar infecções graves na derme, podendo atingir até mesmo o sistema nervoso (SUDHADHAM et al., 2008).

As leveduras do género *Candida* têm-se mostrado predominantes em estuários subtropicais altamente poluídos (HAGLER et al., 1982), sendo também comummente encontradas no trato gastrointestinal de animais de sangue quente (VAN UDEN, CARMO SOUZA & FARINHA, 1958). Soares et al. (1997) isolaram 47 espécies de leveduras de sedimentos estuarinos, sendo 34 do género *Candida*, o que pode indicar contaminação por efluentes domésticos. Os resultados obtidos neste estudo em relação à presença de espécies fermentativas e patogênicas que habitam o trato intestinal de animais de sangue quente são consistentes e evidenciam a contaminação do estuário de Santos por efluentes de origem humana.

Nas amostras de sedimentos de Santos foram isoladas 15 estirpes de leveduras, com predominância do género *Rhodotorula* (40%) seguido do género *Candida* (33%), bem como duas estirpes de *Exophiala dermatitidis*. Duas estirpes apresentaram menos de 97% de identidade na pesquisa da base de dados e foram consideradas como novas espécies.

De acordo com Hagler et al. (1995), geralmente as comunidades de leveduras em ambientes aquáticos não poluídos são dominadas por populações esparsas de espécies não fermentativas, incluindo muitos géneros *Cryptococcus* e *Rhodotorula*, enquanto que em ambientes poluídos predominam as espécies fermentativas. Este facto contrasta com o presente estudo, que revelou uma predominância de *Rhodotorula* nas amostras de sedimentos contaminados de Santos.

A presença de *Exophiala dermatitidis* na água e no sedimento de Santos é digna de nota, pois trata-se de uma levedura negra altamente patogénica, sendo um agente etiológico de infecções fatais do sistema nervoso central. De acordo com Sudhadham et al. (2008), essa espécie é raramente encontrada em amostras ambientais e não se sabe muito sobre seu habitat.

Para as amostras da água de Itanhaém, das 11 cepas isoladas, houve um predomínio de *Candida* (27%), *Pichia* (27%), *Rhodotorula* (11%), uma cepa de *Debaryomyces hansenii*, uma cepa de *Kwoniella mangroviensis*, uma levedura recentemente descrita (Statzell-Tallman, Belloch & Fell, 2008) e uma cepa com menos de 97% de identidade, que foi considerada uma espécie nova.

A predominância de *Candida* nas amostras de água pode ser devida a ligações clandestinas de esgoto das comunidades ribeirinhas ao longo do rio Itanhaém. No entanto, essa contaminação é baixa quando comparada à encontrada no ambiente estuarino de Santos.

Finalmente, das amostras de sedimento de Itanhaém, obteve-se o maior número de isolados (44 cepas), sendo a maior prevalência *Debaryomyces hansenii* (70,5%), seguida de *Pichia* (9%), *Williopsis* (4,5%), *Kluveryomyces* (4,5%), *Candida* (4,5%), uma cepa de *Cryptococcus cf. podzolicus* e uma cepa de *Sterigmatomyces halophilus*.

Debaryomyces hansenii é uma espécie de levedura mais comum em ambientes marinhos e a sua prevalência foi observada em amostras recolhidas perto de praias (SIEBURTH, 1979). Outra espécie considerada autóctone de ambientes costeiros é

Kluveryomyces aestuarii que foi isolada inicialmente apenas de amostras marinhas. Este facto foi corroborado pelo trabalho de Araujo et al. (1995), que demonstrou a sua abundância em caranguejos e sugeriu que a presença desta espécie em amostras de água poderia estar relacionada com a sua presença em caranguejos.

De um modo geral, os ambientes aquáticos são difíceis de caraterizar como um habitat específico para espécies de leveduras, porque são fortemente influenciados por ambientes terrestres, águas de drenagem e efluentes de origem humana.

Além disso, uma variedade de factores bióticos e abióticos influenciam o ciclo de vida das leveduras e exercem condições de stress às quais as células se devem adaptar e suportar, tais como a temperatura, o pH e os nutrientes. As diferenças encontradas entre estuários podem estar relacionadas com variações nos factores físico-químicos durante o período de amostragem. Outra interpretação possível está relacionada com o facto de alguns organismos produzirem compostos com actividades anti-leveduras. Por exemplo, algumas bactérias e algas produzem compostos com atividade inibitória contra *Candida albicans* (BUCK & MEYERS, 1965).

A ocorrência de bactérias com atividade contra leveduras em áreas marinhas, especialmente em áreas poluídas, pode servir como controlo biológico natural de espécies patogénicas e não patogénicas que entram nos estuários através de fontes terrestres.

Em ambos os estuários, notou-se que não houve correlação entre a predominância de gêneros nas amostras de sedimento e água. Enquanto *Candida* é encontrada tanto na água de Santos quanto no sedimento, no sedimento há uma predominância de *Rhodotorula.*

É de salientar que algumas das espécies identificadas no presente estudo, como a *Candida natalensis,* podem ser nativas, uma vez que foram encontradas em concentrações elevadas tanto no oceano aberto como em áreas específicas circumpolares (FELL, 1976).

As espécies encontradas na água e no sedimento de Itanhaém evidenciaram as diferentes condições das duas áreas. Em ambientes impactados, a presença de poluentes pode interferir na relação das leveduras com o substrato, que pode ser determinada por diversos fatores, como estado nutricional do substrato, compostos inibitórios e interações com outros organismos. Além disso, a sucessão de diferentes espécies pode alterar-se em várias ordens de grandeza no espaço de algumas horas em resposta a alterações das condições ambientais.

Assim, a diferença na composição da comunidade de leveduras em Itanhaém em relação a Santos pode ser devida às altas concentrações de metais e/ou às diferenças entre os parâmetros físicos.

5 CONCLUSÕES

Os resultados deste estudo mostraram que a densidade e a composição da microbiota presente no ambiente estuarino são afetadas por altas concentrações de metais e hidrocarbonetos provenientes do petróleo. Também foi demonstrado que os ambientes de manguezal abrigam novas espécies microbianas que podem ser utilizadas como bioindicadores e, provavelmente, em processos de biorremediação.

É de referir que em ambientes poluídos por efluentes domésticos podem ocorrer microrganismos patogénicos, o que pode resultar num risco substancial para a saúde pública.

AGRADECIMENTOS

Ao Conselho Nacional de Desenvolvimento Científico e Tecnológico (CNPq) pela bolsa concedida.

À Fundação de Amparo à Pesquisa do Estado de São Paulo (bolsa nº 2011/50805-0)

REFERÊNCIAS

ABESSA, D. M. S. **Avaliação da qualidade de sedimentos do sistema estuarino de Santos, SP, Brasil**. 290 f. Universidade de São Paulo, Instituto Oceanográfico, 2002.

ABESSA, D. M. S. Ecotoxicologia. **Políticas públicas para a Baixada Santista**, v. 04, n. 03, p. 1-3, 2005

ABESSA, D. M. S. SOUSA, E. RACHID, B. R. F.; MASTROTI, R. R. Toxicidade de sedimentos no estuário de Santos, SP-Brasil: resultados preliminares. **Ecotox. Environ. Rest**, v. 4, p. 6-9, 2001.

AHEARN, D. G.; MEYERS, S. P. O papel dos fungos na decomposição de hidrocarbonetos no ambiente marinho. **Biodeterioração de materiais**, v. 2, p. 12-18, 1972.

AL-HASAN, R.H. et al. Utilização de hidrocarbonetos por cianobactérias de tapetes microbianos em costas petrolíferas do Golfo. **Appl. Microbiol. Biotech**. v.41, p.615 -619, 1994

ALONGI, D. M. **Coastal ecosystem processes**. Nova Iorque, 1998.

ALONGI, D. M. Estado atual e futuro das florestas de mangue do mundo. **Conservação Ambiental**, v. 29, n. 03, p. 331-349, 2002.

ANISZEWSKI, E. et al. Produção de bioemulsificante por linhagens de Microbacterium sp. isoladas de mangue e sua aplicação na remoção de cadmiun e zinco de resíduos industriais perigosos. **Revista Brasileira de Microbiologia**, v. 41, n. 1, p. 235-245, 2010.

ARAUJO, F. V. SOARES, C. A. G. HAGLER, A. N.; MENDONÇA-HAGLER, L. C. Comunidades de leveduras ascomicetos de invertebrados marinhos em um ecossistema de manguezal do sudeste brasileiro. **Antonie van Leeuwenhoek**, v. 68, n. 2, p. 91-99, 1995.

ATSDR (Agency for toxic substances and diseases registry) - **Perfil Toxicológico: Hidrocarbonetos Totais de Petróleo (TPH)**. Disponível em: <http://www.atsdr.cdc.gov/ToxProfiles/TP.asp?id=424&tid=75>. Acesso em: 21/05/2010.

AZAM, F. FENCHEL, T. FIELD, J. G. et al. The ecological role of water-column microbes in the sea. **Marine ecology progress series. Oldendorf**, v. 10, n. 3, p. 257-263, 1983.

BANDONI, R. J. Ocorrência terrestre de alguns hifomicetos aquáticos. **Canad. J. Bot**, v. 50, p. 2283-2288, 1972.

BARNETT, J. A. PAYNE, R. W.; YARROW, D. **Yeasts: characteristics and identification.** 3. ed. Cambridge University Press, 2000.

BARTH, H. J. A influência das cianobactérias em solos intertidais poluídos por petróleo nas margens do Golfo da Arábia Saudita. **Marine pollution bulletin**, v. 46, n. 10, p. 1245-1252, 2003.

BONETTI, C. **Foraminíferos como bioindicadores do gradiente de estresse ecológico em ambientes costeiros poluídos. Estudo aplicado ao sistema estuarino de Santos-São Vicente (SP, Brasil)**. 229 f. IOUSP, São Paulo, 2000.

BRAGA, E. S. BONETTI, C. V. D. H. BURONE, L.; BONETTI FILHO, J. Eutrofização e poluição bacteriana causada por resíduos industriais e domésticos no Sistema Estuarino da Baixada Santista-Brasil. **Boletim de Poluição Marinha**, v. 40, n. 2, p. 165-173, 2000.

BROCK, T. D. Limite inferior de pH para a existência de algas verde-azuladas: implicações evolutivas e ecológicas. **Science**, v. 179, n. 4072, p. 480, 1973.

BRUNKE, M.; FISCHER, H. Bactérias hiporréicas: relações com gradientes ambientais e invertebrados num riacho préalpino. **Archiv Hydrobiologie**, v. 146, n. 2, p. 189-217, 1999.

BUCK, J. D.; MEYERS, S. P. Atividade anti-levedura no ambiente marinho. 1. Ecological Considerations. **Limnology and Oceanography**, v. 10, n. 3, p. 385-391, 1965.

BURKE, L. KURA, Y. KASSEM, K. et al. **Coastal ecosystems**. World Resources Institute Washington, DC, 2001.

BUSHNELL, L. D.; HAAS, H. F. The utilization of certain hydrocarbons by microorganisms. **Journal of Bacteriology**, v. 41, n. 5, p. 653, 1941.

CANNELL, R. J. P. As algas como fonte de produtos biologicamente activos. **Pesticide science**, v. 39, n. 2, p. 147-153, 1993.

CASTENHOLZ, R. W. **Ecologia de algas azuis-verdes em fontes termais**. 1973.

CETESB (SÃO PAULO). **Poluição das águas no Estuário e Baía de Santos**. Relatório técnico, CETESB, 1979.

CETESB (SÃO PAULO). **Avaliação da toxicidade das águas e sedimentos dos rios e efluentes industriais da região de Cubatão** . Relatório técnico, CETESB, 1986.

CETESB (SÃO PAULO). **Sistema Estuarino Santos-São Vicente**. Relatório técnico, CETESB, 2001.

CHAERUN, S. K. TAZAKI, K. ASADA, R.; KOGURE, K. Bioremediação de zonas costeiras 5 anos após o derrame de petróleo de Nakhodka no Mar do Japão: isolamento e caraterização de bactérias degradadoras de hidrocarbonetos. **Environment international**, v. 30, n. 7, p. 911-922, 2004.

CHAILLAN, F. LE FLÈCHE, A. BURY, E. PHANTAVONG, Y.; OUTROS. Identificação e potencial de biodegradação de microorganismos aeróbicos tropicais degradadores de hidrocarbonetos. **Research in microbiology**, v. 155, n. 7, p. 587595, 2004.

CHAUDRI, A. M. MCGRATH, S. P.; GILLER, K. E. Metal tolerance of isolates of Rhizobium leguminosarum biovar trifolii from soil contaminated by past applications of sewage sludge. **Soil Biology and Biochemistry**, v. 24, n. 2, p. 83-88, 1992.

CHAY, T. C. SURIF, S.; HENG, L. Y. Um biossensor de toxicidade de cobre usando cianobactérias imobilizadas, Anabaena Torulosa. **Sensor Letters, 3**, v. 1, n. 4, p. 49-54, 2005.

CHE, O.; et al. Concentração de 7 metais pesados em sedimentos e amostras de raízes de mangue de Mai Po, Hong Kong. **Marine pollution bulletin**, v. 39, n. 1-12, p. 269-279, 1999.

DAVIES, C. M.; BAVOR, H. J. The fate of stormwater-associated bacteria in constructed wetland and water pollution control pond systems. **Journal of Applied Microbiology**, v. 89, n. 2, p. 349-360, 2000.

DAVIES-COLLEY, R. J. DONNISON, A. M. SPEED, D. J. ROSS, C. M.; NAGELS, J. W. Inativação de microrganismos indicadores fecais em lagoas de estabilização de resíduos: interacções de factores ambientais com a luz solar. **Water Research**, v. 33, n. 5, p. 1220-1230, 1999.

DESOUZA, N. A.; DESOUZA, J. Estudos sobre leveduras estuarinas: 4. Leveduras pectinolíticas em manguezais. **Mahasagar**, v. 12, n. 3, p. 163-168, 1979.

DOR, I.; DANIN, A. Cyanobacterial desert crusts in the Dead Sea Valley, Israel. **Arch. Hydrobiol.(Suppl.)(Algol. Stud.)**, v. 117, p. 197-206, 1996.

AMBIENTE CANADIANO. **Canadian Sediment Quality Guidelines for the Protection of Aquatic Life (Directrizes canadianas sobre a qualidade dos sedimentos para a proteção da vida aquática)**. 1999.

FELL, J. W. Recolha e identificação de leveduras marinhas. **Methods in Microbiology**. Academic Press, Nova Iorque: Paul, J., 2001. v. 30, p.347-356.

FELL, J. W. Leveduras em regiões oceânicas. **Recent advances in aquatic mycology**. Ellk Science, Londres: Jones, E.B.G, 1976. p.83-124.

FORD, E. D. **Scientific method for ecological research**. Cambridge Univ Pr, 2 000.

FOWLER, S. W. Critical review of selected heavy metal and chlorinated hydrocarbon concentrations in the marine environment. **Marine Environmental Research**, v. 29, n. 1, p. 1-64, 1990.

GRAY, P. H. H.; THORNTON, H. G. Bactérias do solo que decompõem certos compostos aromáticos. **Zentr. Bakt. Parasitenk., Abt. II**, v. 2, p. 74-96, 1928.

HAGLER, A. N. MENDONÇA-HAGLER, L. C. ROSA, C. A.; MORAIS, P. B. Leveduras como exemplo de diversidade microbiana em ecossistemas brasileiros. **Oecol. Brasiliensis**, v. 1, p. 225-244, 1995.

HAGLER, A. N. OLIVEIRA, R. B.; HAGLER, L. C. M. Leveduras nos sedimentos intertidais de um estuário poluído no Rio de Janeiro, Brasil. **Antonie van Leeuwenhoek**, v. 48, n. 1, p. 53-56, 1982.

HARARI, J.; CAMARGO, R. Modelagem numérica da regi\ ao costeira de Santos (SP): circulação de maré. **Rev. bras, oceanogr**, v. 46, n. 2, p. 135156, 1998.

HASAN, R. H. SORKHOH, N. A. BADER, D.; RADWAN, S. S. Utilização de hidrocarbonetos por cianobactérias de tapetes microbianos em costas oleosas do Golfo. **Applied microbiology and biotechnology**, v. 41, n. 5, p. 615-619, 1994.

HASSEN, A. JEDIDI, N. CHERIF, M. et al. Mineralização do azoto num solo argiloso alterado com resíduos orgânicos enriquecidos com Zn, Cu e Cd. **Bioresource technology**, v. 64, n. 1, p. 39-45, 1998.

HERZ, R. **Circulação das águas de superfície da Lagoa dos Patos**. 722 f. Universidade de São

Paulo, São Paulo, 1977.

HIRSCH, P. R. JONES, M. J. MCGRATH, S. P.; GILLER, K. E. Heavy metals from past applications of sewage sludge decrease the genetic diversity of *Rhizobium leguminosarum biovar trifolii* populations. **Soil Biology and Biochemistry**, v. 25, n. 11, p. 1485-1490, 1993.

HOBBIE, J. E. DALEY, R. J.; JASPER, S. Utilização de filtros nucleares para a contagem de bactérias por microscopia de fluorescência. **Aplicada e Ambiental Microbiologia**, v. 33, n. 5, p. 1225, 1977.

HOLGUIN, G. VAZQUEZ, P.; BASHAN, Y. O papel dos sedimentos microorganismos na produtividade, conservação e reabilitação de ecossistemas de mangue: uma visão geral. **Biologia e fertilidade dos solos**, v. 33, n. 4, p. 265-278, 2001.

HOLLIGAN, P.M.; REINERS, W.A. Predicting the responses of the coastal zone to global change. **Adv. Ecol. Res.** v.22, p. 211-255. 1992

HUNGRIA, M.; URQUIAGA, S. Transformações microbianas de outros elementos (potássio, micronutrientes e metais pesados). **Microbiologia do solo**. Campinas: Cardoso, E.J.B.N, 1992... p.329-340.

IIZUKA, H.; KOMAGATA, K. Estudos microbiológicos sobre petróleo e gás natural. **The Journal of General and Applied Microbiology**, v. 10, n. 3, p. 207-221, 1964.

INTARI, S. E. Factores que afectam a morte de árvores de mangue no Estreito de Pedada, Indragiri Hilir, Riau, com referência às condições do local. **Buletin Penelitian Hutan**, v.1 , n. 531, p. 33-48, 1990.

KATHIRESAN, K. Why are mangroves degrading. **Current Science**, v. 83, n. 10, p. 1246-1249, 2002.

KENNISH, M. J. **Practical handbook of estuarine and marine pollution**. CRC, 1997.

KOBATAKE, M. et al. Isolamento de leveduras psicrofílicas proteolíticas de frutos do mar crus. **Lett Appl Microbiol**. v, 14, n.2, p.37-42.1992

KRISTENSEN, E. JENSEN, M. H. BANTA, G. T. et al. Transformação e transporte de azoto inorgânico em sedimentos de um mangal do sudeste asiático. **Aquatic microbial ecology**, v. 15, n. 2, p. 165-175, 1998.

KUTTY, S. N.; PHILIP, R. Leveduras marinhas - uma revisão. **Yeast**, v. 25, n. 7, p. 465483, 2008.

LAMPARELLI, M. C. et al. **Sistema Estuarino de Santos e São Vicente.**
2001. Relatório técnico. CETESB (São Paulo). 178f. 2001

LANDMEYER, J. E. BRADLEY, P. M.; CHAPELLE, F. H. Influência do Pb na atividade microbiana em solos contaminados com Pb. **Soil Biology and Biochemistry**, v. 25, n. 10, p. 1465-1466, 1993.

LORENZI, A. S. **Implementação da técnica de PCR Quantitativa em Tempo Real (qPCR) para o monitoramento de *Microcystis* e genótipos potencialmente produtores de microcistinas (2008). Implementação da técnica de PCR Quantitativa em Tempo Real (qPCR) para o monitoramento de *Microcystis* e genótipos potencialmente produtores de microcistinas.** 174 f.
Universidade de São Paulo, Piracicaba, 2008.

MACDONALD, D. D. et al. Desenvolvimento e avaliação de directrizes para a qualidade dos sedimentos nas águas costeiras da Florida. **Ecotoxicology**, v. 5, n. 4, p. 253-278, 1996.

MACGILLIVRAY, A. R.; SHIARIS, M. P. Biotransformação de hidrocarbonetos policíclicos aromáticos por leveduras isoladas de sedimentos costeiros. **Applied and environmental microbiology**, v. 59, n. 5, p. 1613, 1993.

MADIGAN, M. T. MARTINKO, J. M. PARKER, J.; OUTROS. **Brock biology of microorganisms**. Prentice Hall Upper Saddle River, NJ, 2000.

MEDEIROS, P. M.; CARUSO BICEGO, M. Investigação de aportes naturais e antropogênicos de hidrocarbonetos em sedimentos utilizando marcadores geoquímicos. I. Santos, SP-Brasil. **Boletim de poluição marinha**, v. 49, n. 9-10, p. 761-769, 2004.

MEYER, W. MITCHELL, T. G. FREEDMAN, E. Z.; VILGALYS, R. Sondas de hibridização para impressão digital de ADN convencional utilizadas como iniciadores únicos na reação em cadeia da polimerase para distinguir estirpes de Cryptococcus neoformans. **Journal of Clinical Microbiology**, v. 31, n. 9, p. 2274, 1993.

MEYERS, S. P. AHEARN, D. G. OCEANIC, U. S. N. et al. **Implicação das leveduras e fungos semelhantes a leveduras nos processos marinhos**. Serviço Nacional de Informação Técnica, 1974.

MIRANDA, L. B. **Princípios de oceanografia física de estuários**. Edusp, 2 002.

MOORE, J. W.; RAMAMOORTHY, S. **Produtos químicos orgânicos em águas naturais: Monitorização aplicada e avaliação do impacto**. 1984.

MUNN, K. J. EVANS, J.; CHALK, P. M. Mineralização do azoto do solo e das leguminosas em solos tratados com lamas de depuração contaminadas com metais. **Soil Biology and Biochemistry**, v. 32, n. 14, p. 2031-2043, 2000.

NEVES, C. F.; MUEHE, D. Vulnerabilidade, impactos e adaptações a mudanças do clima: a zona costeira. **Parcerias Estratégicas**, v. 27, p. 217295, 2008.

OLIVEIRA, A. J. F. C. et al. Caracterização física, química e microbiológica dos sedimentos intertidais da Praia do Pereque, Guarujá (SP), Brasil. **Boletim de poluição marinha**, v. 54, n. 7, p. 921-927, 2007.

PAGNOCCA, F. C. RODRIGUES, A. NAGAMOTO, N. S.; BACCI, M. Leveduras e fungos filamentosos transportados pelos ginetes de formigas cortadeiras. **Antonie van Leeuwenhoek**, v. 94, n. 4, p. 517-526, 2008.

PAUL, E. A. **Soil microbiology, ecology, and biochemistry (Microbiologia, ecologia e bioquímica do solo**). Academic Press, 2007.

PELCZAR, M. J. REID, R. D.; CHAN, E. C. S. **Microbiología**. McGraw-Hill, 1981.

PERILLO, G. M. E. **Geomorfologia e sedimentologia de estuários**. Elsevier Science, 1995.

POMEROY, L. R.; DARWIN, C. The microbial loop. **Oceanography**, v. 20, n. 2, p. 28, 2007.

PORTER, K. G.; FEIG, Y. S. O uso de DAPI para identificar e contar a microflora aquática. **Limnology and oceanography**, v. 25, n. 5, p. 943-948, 1980.

PRENAFETA-BOLDU, F. X. et al. Isolamento e caraterização de fungos que crescem em hidrocarbonetos aromáticos voláteis como sua única fonte de carbono e energia. **Mycological Research**, v. 105, p. 477-48. 2002

PRENAFETA-BOLDU, F.X.; SUMMERBELL, R.; DE HOOG, G.S. Fungi growing on aromatic hydrocarbons: biotechnology's unexpected encounter with biohazard. **FEMS Microbiol Rev**. v. 30, p. 109-130. 2006

RAI, A. N. **CRC handbook of symbiotic cyanobacteria**. CRC Press, Boca Raton, Flórida, 1990.

RAVEN, P. H. E. EVERT, R. F. E.; EICHHORN, S.E. **Biologia vegetal**. 6. ed. Rio de Janeiro: Guanabara Koogan, 2001.

REBER, H. H. Estimativas simultâneas da diversidade e da capacidade de degradação das comunidades bacterianas de solos afectados por metais pesados. **Biology and Fertility of soils**, v. 13, n. 3, p. 181-186, 1992.

ROBERTSON, A. I. **Tropical mangrove ecosystems**. Amer Geophysical Union, 1992.

ROLING, W. F. M. MILNER, M. G. JONES, D. M. et al. Bacterial community dynamics and hydrocarbon degradation during a field-scale evaluation of bioremediation on a mudflat beach contaminated with buried oil. **Applied and environmental microbiology**, v. 70, n. 5, p. 2603, 2004.

SAIFULLAH, S. M. KHAN, S. H.; ISMAIL, S. Distribuição do níquel num habitat de mangais poluídos do delta do Indo. **Marine pollution bulletin**, v. 44, n. 6, p. 551-576, 2002.

SAMPAIO, J. P. GADANHO, M. SANTOS, S. et al. Taxonomia polifásica do género de levedura basidiomiceto Rhodosporidium: Rhodosporidium kratochvilovae e espécies anamórficas relacionadas. **International journal of systematic and evolutionary microbiology**, v. 51, n. 2, p. 687, 2001.

SATOW, M. M. ATTILI-ANGELIS, D. DE HOOG, G. S. ANGELIS, D. F.; VICENTE, V. A. Fatores seletivos envolvidos no isolamento por flotação de óleo de leveduras negras do ambiente. **Estudos em Micologia**, v. 61, n. 1, p. 157, 2008.

SCHAEFFER-NOVELLI, Y. Manguezal: ecossistema entre a terra e o mar. **Caribbean Ecological Research**, p. 49-52, 1995.

SCHAEFFER-NOVELLI, Y. CINTRÓN-MOLERO, G. SOARES, M. L. G.; DEROSA, T. Manguezais brasileiros. **Aquatic Ecosystem Health & Management**, v. 3, n. 4, p. 561-570, 2000.

SIEBURTH, J. M. N. **Sea microbes**. Oxford University Press, EUA, 1979.

SIQUEIRA, J. O. MOREIRA, F. GRISI, B. M. HUNGRIA, M.; ARAUJO, R. **Microrganismos e processos biológicos do solo**. Perspetiva Ambiental. Brasília, DF. Embrapa, 1994.

SKULBERG, O. M. Biofotólise, produção de hidrogénio e tecnologia de cultura de algas. **Hydrogen energy system: production and utilization of hydrogen and future aspects**. Dordrecht: Kluwer Academy Pubishers, 1995. p.95-110.

SOARES, C. A. MAURY, M. PAGNOCCA, F. C. et al. Leveduras ascomicetos da lama escura intertidal tropical de estuários do sudeste brasileiro. **The Journal of general and applied microbiology**, v. 43, n. 5, p. 265, 1997.

SORKHOH, N. A. AL-HASAN, R. H. KHANAFER, M.; RADWAN, S. S. Estabelecimento de bactérias degradadoras de petróleo associadas a cianobactérias em solo poluído por petróleo. **Journal of Applied Microbiology**, v. 78, n. 2, p. 194-199, 1995.

STATZELL-TALLMAN, A. BELLOCH, C.; FELL, J. W. Kwoniella mangroviensis gen. nov., sp. nov.(Tremellales, Basidiomycota), uma levedura teleomórfica de habitats de manguezais nos Everglades da Flórida e Bahamas. **FEMS yeast research**, v. 8, n. 1, p. 103-113, 2008.

SUDHADHAM, M. PRAKITSIN, S. SIVICHAI, S. et al. A levedura negra neurotrópica Exophiala dermatitidis tem uma possível origem na floresta tropical. **Studies in Mycology**, v. 61, n. 1, p. 145, 2008.

TAM, N. F. Y.; WONG, Y. S. Retenção e distribuição de metais pesados em solos de mangue que recebem águas residuais. **Environmental Pollution**, v. 94, n. 3, p. 283-291, 1996.

TAM, N. F. Y.; WONG, Y. S. Variação espacial de metais pesados em sedimentos superficiais de manguezais de Hong Kong. **Environmental Pollution**, v.110, p.195-205, 2000.

TOMMASI, L. R.; DE SANEAMENTO AMBIENTAL, C. T. **Considerações ecológicas sobre o sistema estuarino de Santos, São Paulo** . 489 f. Universidade de São Paulo, 1979.

TOYODA, K. SHIBATA, A. WADA, M. et al. Interacções tróficas entre micróbios marinhos em água do mar contaminada com petróleo a uma escala mesocósmica. **Microbes and environments**, v. 20, n. 2, p. 104-109, 2005.

VAN UDEN, N. Leveduras intestinais do homem e dos animais domésticos. **Proc. 6th Int. Congr. Trop. Med. Malar**, v. 4, p. 612-616, 1959.

WEISMAN, W. **Analysis of petroleum hydrocarbons in environmental media (Análise de hidrocarbonetos de petróleo em meios ambientais)**. Amherst Scientific Publishers, 1998.

WOERTZ, J. R. KINNEY, K. A. MCINTOSH, N. D. P.; SZANISZLO, P. J. Remoção de tolueno num bioreactor em fase vapor contendo uma estirpe da levedura negra dimórfica Exophiala lecanii-corni. **Biotecnologia e bioengenharia**, v. 75, n. 5, p. 550-558, 2001.

YARROW, D. Methods for the isolation, maintenance and identification of yeasts (Métodos para o isolamento, manutenção e identificação de leveduras). **As leveduras, um estudo taxonómico**. 1998. v. 4, p.77-100.

ZINJARDE, S. S.; PANT, A. A. Degradadores de hidrocarbonetos de ambientes marinhos tropicais. **Marine pollution bulletin**, v. 44, n. 2, p. 118-121,2002.

ZOBELL, C. E. Marine microbiology. **Chronica Botanica Co., Waltham, Massachusetts**, v. 240, 1946.

MIX
Papier aus verantwortungsvollen Quellen
Paper from responsible sources
FSC® C105338

Printed by Books on Demand GmbH, Norderstedt / Germany